名家话绿建

（第一册）

国 际 绿 色 建 筑 联 盟
江苏省住房和城乡建设厅科技发展中心　编著
启 迪 设 计 集 团 股 份 有 限 公 司

U0249908

中国建筑工业出版社

图书在版编目（CIP）数据

名家话绿建 . 第一册 / 国际绿色建筑联盟，江苏省
住房和城乡建设厅科技发展中心，启迪设计集团股份有限
公司编著 . -- 北京：中国建筑工业出版社，2024.8.
ISBN 978-7-112-30228-4

Ⅰ. TU-023

中国国家版本馆 CIP 数据核字第 2024RY6618 号

责任编辑：张智芊　宋　凯
责任校对：赵　力

名家话绿建

（第一册）

国　际　绿　色　建　筑　联　盟
江苏省住房和城乡建设厅科技发展中心　编著
启 迪 设 计 集 团 股 份 有 限 公 司

*

中国建筑工业出版社出版、发行（北京海淀三里河路 9 号）
各地新华书店、建筑书店经销
华之逸品书装设计制版
临西县阅读时光印刷有限公司印刷

*

开本：787 毫米 × 1092 毫米　1/16　印张：10½　字数：169 千字
2024 年 9 月第一版　　2024 年 9 月第一次印刷
定价：98.00 元
ISBN 978-7-112-30228-4
（43557）

编委会

序

走中国特色的绿色建筑发展之路

随着全球能耗总量的不断增长，节能降碳，绿色发展，成为人类社会发展的必然选择。对于占据全国碳排放总量约38.2%（2021年数据）的房屋建筑全过程而言，加快推动绿色低碳发展迫在眉睫。

落实到建筑设计环节，各种先进技术、材料以及高效节能设备的选用，在降低能耗强度方面发挥了重要作用，让中国在十年里成为全球能耗强度降低最快的国家之一，成效是巨大的，也是为世界所公认的。

但是，我们也应反思和关注，在建筑节能设计中的一些误区。例如，不应过度依赖高能耗、高成本的所谓新能源材料和设备，应该加强对低能耗建筑和被动式节能技术的研究和应用，加强可再生能源与建筑节能降耗的有效整合，……等等。总之，建筑节能设计应从建筑的可持续发展、从建筑全生命周期成本综合考虑，科学评估、因地制宜。

因此，我以为，"绿色建筑"首先是一种设计理念，"天人合一"，"回归自然"，是一种兼具整体性和模糊性的中国哲学理念。做设计，需要立足于人、建筑与自然之间的和谐共生。从实际出发，研究新建建筑、特别是大量的既有建筑在节能减耗方面的升级改造；研究低能耗、可再生能源的新技术和新材料的应用。在绿色建筑的发展过程中，一定要防止急功近利的思想，从本体上把握一种价值取向——"回归自然"。我常说："科学为术，自然为道；技艺为术，人文为道"。我们的建筑应该是"自然生成"、"浑然天成"的。这也正是中国绿色建筑的理论和实践应有的特色。

作为国际绿色建筑联盟咨询委员会的成员之一，我参加了首期"名家话绿建"活动，也看到许多专家都在为此积极建言献策。我认为这个活动很有意义。只有通过跨学科、跨领域、跨行业的对话和探讨，传播理念，达成共识，形成绿色发展的社会氛围，才能共同推动绿色建设的可持续发展。一直以来，江苏在这方面都走在全国前列，祝愿"名家话绿建"活动越办越好。

中国工程院院士

全国工程勘察设计大师

东南大学建筑设计与理论研究中心主任、教授

筑境设计主持人

国际绿色建筑联盟咨询委员会专家

2024年7月

目　录

时间：2021年12月28日
地点：江苏南京

主办单位：
江苏省住房和城乡建设厅
中国建筑学会
国际绿色建筑联盟

承办单位：
江苏省住房和城乡建设厅科技发展中心
江苏省绿色建筑协会

支持单位：
江苏省广播电视总台教育频道
江苏省建筑与历史文化研究会

01

主持人
刘大威
江苏省人民政府参事室特聘专家
国际绿色建筑联盟执行主席
江苏省建筑与历史文化研究会会长

截至2020年底，江苏城镇化率已达73.44%，每年建筑增量约占全国10%。对城乡建设绿色发展的探索实践，江苏一直在路上。首先，请周岚副主席从行业管理者角度，谈谈江苏城乡建设的绿色实践。

周　岚
江苏省政协副主席
中国城市规划学会副理事长

首先要感谢国际绿色建筑联盟搭建的平台，让我们有机会聆听各位院士大师、专家学者对绿色建筑发展的真知灼见。2020年，习近平主席在第75届联合国大会上向世界作出了中国"双碳"庄严承诺后，绿色低碳的话题成为全社会关注的热点。

江苏人多地少、城镇密集、资源环境约束大的省情特点决定了我们必须率先推动绿色建筑发展。作为中国经济社会的先发省份，江苏率先面临可持续发展问题，如何结合省情探索出一条高强度开发背景下的人居环境持续改善之道是我们一直在思考的问题。

2008年，值联合国人居署第4届世界城市论坛在南京举办之际，江苏提出了建设"可持续人居家园"的目标。随后十多年我们持续推动目标导向下的务实行动，从可操作的实践做起，紧紧抓住新建建筑强制节能这个关键举措，逐步提高节能标准，积小胜为大胜。因为在快速城镇化进程中有大量建设行为在发生，江苏每年新增建筑占全国10%左右，如果不抓住机遇同步绿色设计建设，未来又要节能改造。

基于这样的思考，2008年起，我们在全国率先全面推动居住建筑应用太阳能热水系统，同时设立建筑节能专项资金支持可再生能源建筑一体化等绿色示范。

2015年，又在全国第一个出台地方法规《江苏省绿色建筑发展条例》，强制要求所有新建民用建筑达到一星级及以上国家绿色建筑标准。经过持续的努力，到2020年，江苏节能建筑、绿色建筑的规模全国最大。绿色建筑评价标识项目数量占全国五分之一以上。2020年新建绿色建筑占比超过98%，全国平均水平是77%，江苏高出21个百分点。

应该说多年的坚持和努力还是很有收获的，这个收获是按照习近平生态文明思想的要求去实践的，也借鉴了国际可持续发展的理念，具体工作是全省城乡建设工作者共同努力的结果，过程中也得到了各位专家的大力支持！

2020年，中央明确"双碳"目标后，我们在全国建设行业第一个制定出台了《关于推进碳达峰目标下绿色城乡建设的指导意见》，从推动绿色建筑高质量发展、打造绿色低碳居住社区、推动城市建设绿色转型、加强绿色乡村建设四方面明确了29项具体任务，推动全省城乡建设向更绿色、低碳转型。总之是要把绿色发展的理念贯穿建筑的设计、建造、运行的全过程，还要从绿色建筑延伸到绿色城乡建设各方面、全链条。

同时，绿色实践还需要获得全社会的认同和支持，需要得到人民的拥护和选择、要得到市场机制的参与和投入、要得到全社会的推动和监督实施，才能真正实现"自然绿""科技绿""文化绿""生活绿""可持续绿"的"五绿协同"。

刘大威（主持人）：感谢周岚副主席的分享。绿色低碳发展，意味着建设方式的转型发展，需要理念和价值观的转变，技术和标准的提升，需要社会的共同努力。设计，是建设的先导，不但直接影响城市的空间品质和风貌，对建设碳排放也有至关重要的影响。程泰宁院士主持150多项大型工程设计，许多作品已成为经典，在江苏的南京博物院、中国海盐博物馆等项目入选了中华人民共和国成立70周年江苏精品建筑。今天有幸请您来到现场，请您谈谈在创作中如何实现建筑与人和自然的和谐共生。

程泰宁

中国工程院院士
全国工程勘察设计大师
东南大学建筑设计与理论研究中心主任、教授
筑境设计主持人
国际绿色建筑联盟咨询委员会专家

　　绿色建筑设计不仅应当考虑具体的绿色技术问题，还应当关注绿色建筑设计思想、美学意境等，应当考虑新建建筑与既有建筑、地域文化特色之间的关系。设计往往要在追求人、建筑、环境间的和谐关系与追求个性化表达间进行取舍。人、建筑与城市的发展过程就是不断发现矛盾、解决矛盾最终和谐共生的过程。

　　我们应当立足于人、建筑与自然和谐共生的特点，充分挖掘传统文化精华，构建中国特色建筑语境与理论体系，并以此为依据开展中外对话，明晰自身的优势与不足，推动"中国式"建筑的发展。

　　刘大威（主持人）：谢谢。程院士给我们深入解读了从哲学美学层面出发，打通古今、融合东西，基于中国当代情境的设计理念，从哲学境界、美学意境、语言载体三个层面，进行建筑创作，给我们分享了设计理念、价值观和方法论。

　　众所周知，建筑的进步是以理论、技术和材料的创新发展为基础的，绿色城乡建设，需要技术和材料的不断创新和进步。缪昌文院士长期从事建筑材料的基础理论与应用技术研究。有请缪院士谈谈建筑材料的创新与绿色发展。

缪昌文

中国工程院院士
国际绿色建筑联盟主席、咨询委员会主任委员
江苏省建筑科学研究院有限公司名誉董事长
东南大学学术委员会主任

建筑领域碳排放占全球碳排放总量的38%，在碳减排大考中占举足轻重的地位。根据《中国建筑能耗研究报告（2020）》推算，2020年全国碳排放总量96.6亿吨，建筑全过程碳排放总量约48亿吨，占总碳排放量的50%左右。这48亿吨二氧化碳，主要来自于建材生产、建筑施工、建筑运维及废弃拆除四个阶段，其中建材生产阶段碳排放量约占建筑领域碳排放总量的56%。因此，建筑材料的绿色低碳转型迫在眉睫。

建筑材料想要实现绿色发展，首先，应当提高材料的使用寿命。如果使用寿命能延长20%～50%，其减碳效益巨大。其次，应当充分开展建筑垃圾资源化利用研究。我国每年产生工业废料约21亿吨，目前利用率仅为40%，造成了大量浪费。再次，应当充分进行技术创新，对建材的绿色化、低碳化、耐久性提出更高要求，为"双碳"目标的达成作出应有贡献；同时对碳捕捉、碳利用与碳封存等关键技术研究要有突破，并推广应用落地。最后，应当充分重视平时生活中可操作、易实行的减碳措施，通过以上各方面集成推动，实现建筑领域的绿色低碳发展。国际绿色建筑联盟作为一个国际性交流合作创新平台，应当为推动全社会形成共识、积极推广相关技术作出应有贡献。

刘大威（主持人）：谢谢缪院士。材料创新，给建筑绿色低碳发展开启更多的可能性。前不久在无锡，听说苏锡常南部高速近10公里的太湖隧道，采用收缩控制裂缝技术，圆满解决了开裂渗透难题，通过钢筋混凝土自防水，实现防水的免维护，这将对解决工程的渗漏难题具有重要意义，期待有更多的新技术、新材料助力江苏建设绿色发展。下面请其他嘉宾围绕主题和自身实践与思考，进行交流探讨。

支文军
《时代建筑》杂志主编
同济大学教授

　　绿色建筑从本质上讲，不只是技术手段，更是一个整体系统，是一种价值观。中国人观念里面的"自然有道、道法自然、天人合一、因地制宜"都表现出了对自然的敬畏之心。这里的"天地人和"既是一种设计立场，更是一种价值观念。程院士，您在建筑设计创作中，非常注重建筑与大环境的"浑然天成"、建筑创作的"自然生成"，体现了一种自然而然的境界。是否请您谈谈绿色建筑与中国传统的核心价值观"天地人和""天人合一"的关系？

程泰宁
中国工程院院士
全国工程勘察设计大师
东南大学建筑设计与理论研究中心主任、教授
筑境设计主持人
国际绿色建筑联盟咨询委员会专家

　　支老师提的这个问题，使我想起最近一直思考的一个问题：相比于人类发展所消耗的自然资源，我们在修复、改善方面所做的努力还太少。大自然资源总量有限，如果对相关问题不给予充分重视，所有人类的生存都将受到影响。

　　相比于利用废弃空地进行小规模风电/光电转换，建筑本体资源量大却未能被充分开发。如何脱离满足硬指标困境，真正实现建筑与新材料、新能源的充分结合，将建筑本身作为新能源的发生体，我们要做的还有很多。这需要建筑师、工程师等各产业跨界联合，共同实现建筑领域的巨大突破。

　　当下还有一种观点，即人类生存空间愈发艰难，甚至需要选择新的星球作为栖身之所。但在我看来，人类生存空间的潜力是巨大的。新加坡人口密度是中国的

54倍，却不显得拥挤，这与新加坡的城市合理布局有密不可分的关系。当前，我们追求以"绣花功夫"推动城市更新，那么我们在拓展城市规模的时候，是不是可以考虑学习借鉴类似新加坡这样的优秀案例，充分开发建筑使用面积的潜力。我们需要面对这样一个现实：在绿色可持续发展方面，我们所做的远远不够。我希望这次"名家话绿建"论坛活动，能够激发大家在这些问题上的思考。谢谢大家。

刘大威（主持人）：难得名家齐聚一堂，下面请观众和嘉宾交流，请观众提问。

观众：我是一名设计师，有一个问题想请教一下在座的各位专家。当今，设计师在注重有地域特色和时代精神的建筑和空间设计的同时，如何让建筑更加绿色、更加低碳、更加健康？

冯正功

全国工程勘察设计大师
中衡设计集团股份有限公司董事长、首席总建筑师
国际绿色建筑联盟副主席、咨询委员会专家

我个人多年来始终倡导设计具有鲜明地域特征的中国绿色建筑。我认为，建筑是人类应对不同气候特征、满足不同功能需求、追求美好生活的产物。可以说，不同的气候特征造就了不同的建筑设计方案，这其中建筑师的作用至关重要。因此，建筑师理应成为推动绿色建筑发展的主力军。

如何设计建造既适应当代发展，又彰显地域特色文化的绿色建筑？我认为我们可以向传统城市、传统建筑学习。比如，同样是夏天，湿度的不同使得新疆与江南的体感也截然不同。基于此，我们的先人通过优秀的布局与构造，形成了各具特色的适应气候的地域建筑，满足区域人类活动的需求。苏州传统宅院经过千百年发展，形成了独具特色的范式，传统住宅院落美学的背后隐藏着设计师在应对气候、组织通风的智慧，隐藏着被动式绿色建筑理念和技术。这样的布局与理念被我们借鉴到了中衡设计集团总部研发中心大楼的项目设计上，在确保人体舒适的前提下，通过让建筑中的更多空间不用或少用空调从而达到节能的目的，以解决办公建筑的耗能问题，该项目因而成为被动式技术应用的典范。如果当代建筑师都能发掘并运用传统建筑应对气候的智慧，继承并发扬传统建筑美学与功能构造高度统一的特点，必然可以创造出更多具有地域特色的绿色建筑。此外，建筑师还应充分注重对前沿技术的学习与运用，在确保建筑空间舒适度的同时，不仅能降低能源消耗，而且使建筑更加健康，以健康建筑引导人们对健康生活的追求！

重视传统与现代的结合，把握地域气候特点，将美学与技术完美统一，建筑师们一定能够创造出更多有地域特色、面向当代与未来的中国绿色建筑！

韩冬青

全国工程勘察设计大师
东南大学教授
东南大学建筑设计研究院有限公司首席总建筑师
国际绿色建筑联盟副主席、咨询委员会专家

绿色设计理念与地域性、时代性是密切关联的，一旦脱离具体的地域条件限定，绿色建筑就会变成完全抽象的概念，气候、材料以及人们的生活方式都有具体的地域性特点。同时，不同时代的生活方式与技术，也造就了建筑的时代性。作为一名建筑师，需要具备融汇地域性、时代性和绿色理念的宏观视野。

中西方在这个问题上的认识是有一定差异的。西方认为，绿色建筑认知是基于物理范畴的，强调能耗、舒适度以及碳排放之间的关系；中国的文化传统则强调建筑与自然合一的状态，其首先是哲学层面的思维，需要系统性的统筹与思考。

很长一段时间来，建筑师在绿色建筑领域的参与度是不够充分的，甚至有人觉得绿色建筑只是暖通设备专业等技术专家的事。在我看来，建筑师应当主动承担起总体设计系统的决策和技术策略选择的责任，积极了解、学习相关技术，以系统思维为导向，合理有序地处理环境、场地与建筑空间的形态关系，表达建筑文化意涵，与不同专业领域的技术专家沟通协调，开展合作，共同促进绿色设计、建造和运维的系统生成。

张应鹏
江苏省设计大师
九城都市建筑设计有限公司总建筑师
国际绿色建筑联盟技术委员会专家

最近我正在做苏州中学东校区的群体改造与扩建，这是一组20世纪50年代的建筑，建筑改造面临文化保护和新功能适应两大要求。我们通过一个相对简单的方案，满足大楼在建筑外形、采光及地域气候方面的要求，即在大楼屋顶安装可自动打开的天窗。这使得项目的建筑形象时尚起来，内部光影也有了新的体验。自然光的引入降低了人工照明的需求，实现了节能要求。同时，可自动开合的屋顶也满足了苏州夏热冬冷的气候适应性的问题。冬季，屋顶天窗会保持关闭状态，满足建筑的保温需求，这样，与此相对应的很多公共空间基本可以不用空调；夏季，将屋顶和立面窗户打开，通过循环形成自然风，降低空调使用能耗。该项目在进行内部空间结构改造的过程中产生了大量的废弃材料，我们并没有将其抛弃，而是通过回收处理再次利用于内部装饰装修，减少资源浪费。可以说这个项目实现了建筑地域性、时代性、绿色与文化意涵的统一，也获得了国际主动绿色建筑的大奖。

陈卫新

作家
南京筑内空间设计顾问有限公司总设计师

听了这么多大家的发言，我也很受启发。在我看来绿色建筑其实就是人与自身欲望斗争并协调的过程。随着技术材料、生活观念等因素的变化，建筑设计会变得愈发复杂，这是一个重要现实。

我在很多年前做过一个项目，700平方米的空间内所用的材料完全来自于南京老城区改造产生的建筑垃圾。同时，我们还通过艺术手法的处理，将一些居民废弃的旧物变成了联结集体记忆的象征，也获得了很多好评。所以，在我看来，绿色建筑最大的意义应该是唤起人们对自然及生活本质的认知。当代年轻人应当常怀惜物之心，充分尊重自然、敬畏自然。

观众：我是一名园林设计师，请问朱大师，园林景观设计如何体现城乡建设绿色发展？

朱祥明

全国工程勘察设计大师
上海市风景园林学会理事长

这个问题，可以从三个方面来解答。第一，园林设计师应当把握好风景园林的核心内涵。风景园林是人类文明的重要载体，历史悠久。当前，我们提倡绿色基础设施建设，风景园林则是所有基础设施中唯一有生命的载体。所以，风景园林工作不能局限于绿化本身，还应当从国土空间、生态系统、城乡一体、城市更新等高度考虑一些整体的、系统的问题，实现园林与其他专业的融合协同。园林设计师的工作范围除了绿地，还包括湿地、林地等生态空间系统。

刚刚有专家谈到"建筑师创造建筑空间",那么园林景观师则是创造户外的自然空间。这些自然景观空间不仅只是被观赏,还应该是可以被享用的。所以,我们应当明确自身工作的重要意义,创造出更多更好的老百姓真正能够享受的户外自然生态空间。

第二,风景园林设计必须是生态环保可持续的。在技术手段上,应当充分把握绿地自然排水及相关材料的循环利用技术、乡土植物的选择利用,尽可能实现土石方的就地平衡等问题。同时,园林设计也应当充分把握好地域特征,创造在地的地域文化,尽可能避免既有自然生态资源的浪费。

第三,园林设计需要把握好公园绿地的建造模式。绿色生态空间当然要用绿色、低碳的营造模式。这就要求园林设计师以本区域乡土植物为主要元素营造自然生态空间,尽可能低介入、低维护地展现自然生态,结合可回收材料运用等手段,实现生态空间的绿色低碳建造、维护及可持续。

记者:在中央明确"双碳"目标的新背景下,江苏将如何进一步行动,推动绿色城乡建设实践再上新台阶?

周　岚

江苏省政协副主席
中国城市规划学会副理事长

今年10月,中共中央办公厅、国务院办公厅联合下发了《关于推动城乡建设绿色发展的意见》,省住房和城乡建设厅正牵头会同相关部门制订《关于推动城乡建设绿色发展的实施意见》,并提请省委省政府下发。在文件起草过程中,我们认真思考后认为绿色发展要与国家城镇化进程的转型升级相适应,快速城镇化时期,我们以新建建筑绿色发展为关键抓手。下一步,我们将围绕新型城镇化推进,在城市更新行动和乡村建设行动中推动绿色建筑和绿色城乡建设。

刚刚聆听了各位专家的见解，很受启发。绿色发展不仅是单一的技术应用，还应与价值理念、思维模式密切相关。中国传统建筑理念一直以来就注重人与自然的和谐及天人合一，我们应当积极汲取传统建筑文化中的绿色思维，并与当代城乡建设绿色发展相结合，充分利用现代技术及新型材料，推动绿色城乡建设高质量发展。

作为行业主管部门，一方面，我们要把这些好的意见建议积极汲取到《关于推动城乡建设绿色发展的实施意见》中；另一方面，要积极推动绿色城乡建设实践，国际绿色建筑联盟搭建了很好的专业化和社会化平台，有助于推动全社会共同前行。在这个有影响力的平台，我个人也有个建议与各位分享。作为全国政协委员，我曾提出推动建设百年精品建筑的建议提案：因为百年精品建筑不光提升了建筑品质，还可以有效减少碳排放，百年建筑全生命周期的碳排放只有当前大量设计年限为50年建筑的一半，因此建议将居住建筑的设计使用年限提高到70年，与土地出让年限一致；将公共建筑的设计使用年限提高到100年，通过百年精品建筑的打造推动城乡建设高质量发展。

刘大威（主持人）：新发展阶段，碳达峰、碳中和背景下如何更好地实现城乡建设的绿色低碳发展，需要业界、学界、设计师、管理者和社会各界的共同努力，助推城乡建设绿色发展！

时间： 2022年5月9日
地点： 江苏南京

主办单位：
江苏省住房和城乡建设厅
国际绿色建筑联盟

承办单位：
江苏省住房和城乡建设厅科技发展中心
江苏省建筑科学研究院有限公司
江苏省城乡建设职业学院

支持单位：
江苏省绿色建筑协会
江苏省建筑与历史文化研究会
加拿大木业

02

主持人
刘永刚
江苏省建筑科学研究院有限公司董事长
国际绿色建筑联盟副主席

　　学校作为社会发展的重要组成部分，在每个人的人生轨迹中都扮演举重若轻的角色。本次活动，我们将聚焦"绿色校园"主题，邀请专家学者，聊一聊绿色校园建设和绿色人才培养的那些事。一个行业想要发展，科研创新的作用尤为重要。缪昌文院士常年深耕于科研一线，能否请缪院士与大家分享对科研历程和人才培养的心得与感悟。

缪昌文
中国工程院院士
国际绿色建筑联盟主席、咨询委员会主任委员
江苏省建筑科学研究院有限公司名誉董事长
东南大学学术委员会主任

　　人才培养要考虑两个方面：一是培养高尚的品质修养，同时培养科研从业人员高超的业务修养。科研工作者应当拥有独立思维的能力，保持对科研及各方面的敏锐性。读书贵有疑，小疑则小进，大疑则大进。发现问题，意味着找到了解决问题的目标。当然，解决问题的过程要以过硬的专业技术水平为依托。否则，"创新"只能成为空中楼阁。

　　想要取得突破性进展，还应跨越专业限制，注重不同领域的交叉融合。当前我们正处于大数据时代，学科的智能智慧发展需求日益迫切，我们可以通过解决智能化问题，逐步实现行业的智慧化转型。

　　二是青年科研人员还应当怀抱扎实肯干的态度，不在云端跳舞，多在地面步行。"一分耕耘一分收获"从来都不是一句空话，吕志涛院士曾说过，八小时出不了科学家。科研人员如果不能付出比常人更多的努力与艰辛，又怎么能取得超出常人的成绩呢?

创新思维不仅是灵光一现,更在于知识的积累与升华。年轻同志要能够做到多看、多听、多思考、少说话,从人生各个方面发现问题,勤于探索问题的解决之道,在没有完全辨明问题关键所在时,不妄下论断,直至有所得、有所成。

刘永刚(主持人):谢谢缪院士的精彩分享。确实如缪院士所说,科研人员需有九天揽月的宏愿和脚踏实地的坚持,才能真正有所得、有所成。江苏省绿色建筑发展一直走在全国前列,碳达峰碳中和目标的提出对建筑行业也作出要求。在此,我也想请教刘主席一个问题,在您看来,应对"双碳"目标,绿色建筑发展应该考虑哪些方面?

刘大威

江苏省人民政府参事室特聘专家
国际绿色建筑联盟执行主席
江苏省建筑与历史文化研究会会长

2020年,习近平主席在75届联合国大会上向世界作出中国"双碳"目标承诺,绿色低碳成为社会热点,更是责任和使命。据统计,2019年建筑全过程碳排放占全国碳排放一半以上,建设领域实现碳达峰碳中和任务艰巨,但势在必行。江苏人多地少,经济发达,城镇密集。2021年新增建筑总量约占全国的10%,城镇化率达73.94%。为满足生产生活需求,建设将与发展相伴,高质量发展、绿色发展是建设者和管理者必须面对的挑战。在高品质发展的同时,更要实现建设资源消耗与排放的科学合理。

2008年以来,江苏从推动建筑节能、可再生能源应用,到绿色建筑;从节约型城乡建设和绿色生态城区建设,到城乡建设绿色发展,由点到面,持续推进,一直在进行绿色城乡建设的探索和实践。为务实推动绿色发展,江苏率先出台了全国首部绿色建筑地方法规,明确标准和要求,所有新建民用建筑必须达到一星级以上绿色建筑水平，在此基础上，有序渐进提升建筑标准，提高建筑节能降碳效益，推动绿色建筑高质量发展。

近年来，我们在完成技术和标准层面有关工作后，更加注重强调设计引领作用，强调建筑设计师的主导作用，强调建筑师与相关专业工程师的协同与合作，以高水平绿色设计引领高水平绿色建设，从设计源头进行碳排放减量，同时提升绿色性能，提高建筑寿命，注重运营管理，实现全生命周期绿色低碳。

自2010年，江苏致力于推动省级绿色生态城区建设示范，在一定地域范围内集成推动绿色建筑规模化发展。截至目前，全省已有近80个省级绿色生态城区示范，覆盖省内所有设区市并持续向县级市延伸。多年的持续努力，奠定了江苏绿色城乡建设高质量发展基础，展现出绿色低碳建设实践"既节能环保又宜居舒适，既绿色低碳又空间美好"的模样。

"双碳"目标提出后，江苏第一时间响应，率先制定出台了《省住房城乡建设厅关于推进碳达峰目标下绿色城乡建设的指导意见》。从绿色低碳居住社区、城市建设绿色转型、绿色乡村建设等方面明确了29项具体任务，推动全省城乡建设全面迈向绿色、低碳，把绿色发展理念贯穿建设的全过程和全寿命周期。同时，积极联动全社会各行业，先后发布《"双碳"目标下绿色城乡建设的江苏倡议》《新发展阶段城市园林绿化江苏倡议（2021）》，促使低碳生活、绿色发展理念成为社会的共识和自觉行为，得到全社会的共同参与。建设领域实现降碳减排是历史责任，需要社会的共同努力，希望大家关注和参与，谢谢！

刘永刚（主持人）：谢谢刘主席的精彩分享。相信听过两位专家的精彩交流，黄志良书记应当也感触颇深，张彤大师、刘志军大师在绿色校园实践领域也颇有成果。接下来，能不能请三位分别从设计、实践及管理者的角度，聊一聊绿色校园对绿色建筑发展及绿色理念传播的重要作用？

黄志良

江苏城乡建设职业学院党委书记

　　江苏城乡建设职业学院新校区建设之初，曾多方考察取经，通过和各位专家的深度交流，找到了新校区的建设方向，明确打造涵盖规划设计、建筑施工、运行管理"全寿命周期绿色生态校园"的绿色发展之路。新校区秉承"水墨江南、田园绿岛、建筑学园、持续空间"的规划理念，以"4个鲜明"为总体目标定位未来校园功能：鲜明的地域性——江南水乡、粉墙黛瓦的江南建筑；鲜明的示范性——绿色校园、低碳节能的校园营造；鲜明的职业性——理实一体、功能整合的校园大课堂；鲜明的时代性——信息共享、互联互通的智慧校园。

　　为此，学校在编制校园总体规划的同时，配套编制了校园的绿色交通、物理环境、水资源利用、生态景观、能源监管、垃圾利用等绿色专项规划，建筑设计全面对接绿色建筑的相关标准，并力争校园的绿色建筑全覆盖，93%的建筑获得绿色建筑设计标识，其中三星级建筑2栋、二星级建筑6栋，高星级建筑占比接近50%。同时，基于"四节一环保"要求，学校新校区因地制宜，综合运用了50余项绿色生态技术。新校区建设施工期间，全面贯彻绿色施工要求，对照省、市两级相关文件，编制了新校区建设绿色施工的标准，严格落实推进。在营造建设的两年半时间里，市、区两级建设主管部门就"绿色施工管理"多次到施工现场召开观摩会。

　　新校区落成后，围绕整个校园的绿色运行，学校专门成立了绿色校园管理委员会与咨询委员会，设置绿色运行管理办公室，编制了《"十三五"绿色校园建设规划》，建设了基于BIM技术的建筑信息平台和能耗监管综合管理平台。对于校内各楼宇、各单位水电气的消耗及个人在办公室、宿舍的能耗进行监管及考核评价，确保整个校园在低碳节能中运行，全体师生在绿色环保的氛围中学习生活。据测算，校园绿色运行每年节能折合成标准煤约2400吨，每年节约的市政自来水超过10万吨，每年减排温室气体总计超6300吨，所有星级建筑，都取得了二星级以上绿色运行标识。2020年，学校荣获全国绿色建筑创新奖一等奖。

围绕绿色校园的人才培养，学校将绿色校园的技术节点全部开发为教育节点，打造校园大课堂。在人才培养方案修订的过程中，创新性地将校内绿色技术融入课程实践。在绿色校园大课堂中，实现广大学生由"染绿"走向"变绿"，使广大学生拥有绿色发展理念，掌握绿色生态技术，走向祖国城乡建设事业的各个岗位，去推广绿色发展理念，运用绿色生态技术，为建设美丽中国作贡献。另外，绿色校园在服务校内人才培养的同时，还努力做到"三服务"，即服务于周边社区居民的休闲健身、服务于中学生的职业体验、服务于社会各界的参观交流。

自"双碳"目标提出以来，学院和同济大学、浙江大学、山东建筑大学等44所高校共同签署了《中国高等学校校园碳中和行动宣言》，提出"2030年碳达峰，2050年碳中和"的远景目标。绿色校园是有生命力的，是生生不息、不断成长的，让我们共同努力，为"双碳"目标的达成添砖加瓦。

张 彤

江苏省设计大师
东南大学建筑学院院长
国际绿色建筑联盟技术委员会专家

校园作为社会的重要组成部分，主要承担知识生产及人才培养的职责。国内外校园不管是开放还是封闭，都会占据一个相对独立的物理空间。一个完整的校园系统，需要配备完备的交通组织、能源供给、基础设施建设及废弃物排放等设施。我们常说，高校是象牙塔一般的存在，这在某种程度上也反映了由于校园职能及人员构成的特殊性，其往往能够成为一种新思想、新理念的先行者。

我对绿色校园的认识主要集中在以下几点：一是集约的校园选址。对于可持续发展城市而言，各种社会形态与社会组织应当是紧密联系、资源共享的。处于城市外围的校园意味着需要专门的远程交通组织及专门的社会资源配备，从这一层面而言，其实是不符合可持续发展社会的基本特征的。二是系统的规划理念。将能源环境规划与建筑空间物质性环境规划相整合，形成整体协同的可持续环境规划。三是低碳节能技术的运用。在被动式节能的基础上，采取节约型空调、智能化维护及雨水回用等一系列主动技术，实现设计、建造及运维全过程节能降碳。四是做好绿色示范。通过倡导绿色交通、节约生活，鼓励食堂多采用当地食材，景观营造多运用当地植物，丰富当地化的生态群落。鼓励老师、学生践行绿色生活理念。五是积极培养绿色人才。将绿色理念贯彻至人才培养的方方面面，让新一代青年在绿色校园中塑造理念、培养行为，全方面体验绿色环境，为可持续发展作贡献。

刘志军

江苏省设计大师
江苏省建筑设计研究院股份有限公司执行总建筑师
国际绿色建筑联盟技术委员会专家

绿色校园是我们国家科教兴国与可持续发展的基本战略，2019年3月，住房和城乡建设部颁布《绿色校园评价标准》GB/T 51356—2019，引导绿色校园建设，促进教育环境改善。我个人认为，绿色校园建设包括绿色建筑和绿色教育两个部分。

随着经济的发展，我国绿色校园建设得到社会各方面的重视，不少新建学校硬件设施比较完备。同时，部分地区的校园建设，尤其幼儿园、中小学校，开始关注师生的身心健康，例如采用低频闪高显色性的护眼灯具、空气质量监测及温湿度控制等手段，真正打造"安全耐久，健康舒适，生活便利，资源节约，环境宜居"的生活学习的场所。同时，学校交往空间对学生的健康成长也十分重要，建筑师在设计校园建筑时，不仅要强调教学楼、图书馆等功能空间，也要重视非功能性的交往联系空间、外部空间设计。近30年来，中小学走廊的宽度从早年的1.5米逐步拓展2.7米、3.6米，甚至更宽，这意味着大家已经意识到交往空间在学生成长过程中的重要作用。部分小学班级教室采用混龄布局，就是想给不同年龄的学生创造交往的可能。

针对既有的校园建筑，我们可以采取"微更新"手法进行改造，例如，通过更换灯具、增设室内空气监测系统、在非功能空间里增设交往空间、隐私空间等，优化师生工作学习的体验感。

绿色校园还对城市空间品质提升起积极作用，校园内一般建筑密度低、建筑高度低、绿地率高，可以有效改善城市环境。

绿色学校还对绿色教育和绿色理念的传播起到关键作用。通过环境教育、健康教育、绿色课程等，可以引导学生形成良好的环境意识和健康的生活习惯，进而影响父母和周围人群，对社会层面起到示范作用。

刘永刚（主持人）：刚才三位专家从不同角度回答了问题，与大家共同分享了精彩见解和设计理念，使我受益良多，相信各位观众也是如此，再次谢谢三位！

主持人
朱东风
江苏城乡建设职业学院院长（时任）

吕教授您好，我们学校在建设之初便严格遵循"低影响开发"理念，通过设置透水性铺装、下凹式绿地、生物滞流池和雨水回用技术等，积极探索海绵型校园建设。您是水资源领域的专家，能不能请您介绍一下，海绵型校园建设的发展之路及未来方向？

吕伟娅
南京工业大学教授
国际绿色建筑联盟技术委员会专家

雨水降落地面后，往往兵分两路，一路渗入地下，一路形成地表径流，最终殊途同归，回到城市水系统中，但又因地块开发与否而不同。一块地被开发之前，落到此地块的雨水大概有80%～90%都入渗到地下，经过土壤净化后回到地表，进入城市水系统；而在经过开发的地块上，渗入地下的水只有大约30%～40%，大量的地表径流有可能造成城市雨水排水困难。径流雨水一般通过雨水口汇集后再排入雨水管道，最后排入城市水系统，但当城市管网的排水能力无法满足排水需求时，就可能形成城市洪涝，影响我们的生活。城市径流可称为"城市洗澡水"，尤其是初期雨水水质较差，易对水体造成污染，这就要求我们必须研究低影响开发策略。

绿色校园的低影开发策略，首先要解决的就是水安全问题。学校的湖除了美化环境外，还起到调蓄水量的作用，让雨水排水时有了缓冲，减少了管网的排水压力，也减少了产生洪涝的可能。我们曾经做过一个测算，在进行海绵设计以后，同样的管网，重建期由一年提升至七年，可见海绵设计、自然调蓄的重要性。2013年12月，习近平总书记提出"自然积存、自然入渗、自然进化"的海绵城市概念，我国城市管网的重建期已经从1.5年提高到了3～5年，水安全得到了较大的提升。解决水安全问题后，怎样提升雨水排水的水质成为业内越来越关注的问题。雨水花园、下凹式绿地生物滞留池等一系列海绵城市技术能够较大提升水环境质量，改善人们居住环境。在水生态方面，自然式驳岸，配合种类丰富的水生植物。这种师法自然的做法得以可持续地维持一个良好的水生态环境。同时，在不影响生活品质的前提下，可以通过使用节水器具，进行再生水回用等方式节约用水。

完成以上四个方面，海绵城市的框架基本形成。作为城市的一部分，海绵校园应该是什么样的？我认为它应该是低冲击的，甚至是为周围环境增色的，对人类、城市生物是友好的。我曾经在十几年前去过南非的好望角，当地导游的一句话让我感到非常震撼，她说："在座的各位现在看到的情景和300年前是一样的。"所以我希望我们的海绵校园，能够持续积极地建设和维护下去，打造对环境影响最小的，对人和生物都是友好的可持续校园。

朱东风（主持人）：谢谢吕教授的精彩分享。推广节能降碳建筑、推动建筑产业转型，现代木结构建筑扮演着重要角色，木结构建筑实训也是我校最受学生欢迎的课程之一。请加拿大木业的付总分享一下木结构设计对当前绿色建筑发展的重要意义，以及国内外的经典木结构案例。

付维舟

加拿大木业木结构设计总监

　　节能降碳，预制装配式建筑，还有绿色建筑，这些其实都是木结构建筑能发挥优势的领域，一直都是我们加拿大木业推广现代木结构技术的重点内容。加拿大木业是一家非营利组织，中国的总部在上海。我们不生产也不销售木材，我们只是木结构技术的搬运工，目标是把现代木结构技术引进和推广到中国的建筑市场，促进木结构在中国的健康发展。

　　从2000年开始，加拿大木业在中国参与了多个木结构相关标准和规范的制定，参与了几十个木结构示范项目的设计和建造，并和多所高校组织了木结构技术的培训课程，当然这其中也包括我们和江苏城乡建设职业学院多年来在木结构实训方面的合作。

　　在我们参与的木结构项目中，会为开发商或业主提供全程的技术支持。从方案设计阶段开始，我们就会组织相关的技术培训，指导设计人员进行木结构设计，并协助图纸审阅；施工阶段我们也会提供相应的技术培训，直到工程竣工使用阶段，我们还会对项目进行跟踪研究，然后利用这些经验服务其他项目。通过这些项目的参与，我们发现，政府、开发商和设计师们，对于木结构关注点的变化。以前都是关注木结构的结构和呈现效果，现在会越来越多地关注木结构在生态保护、节能和预制装配这些领域的优势，这为现代木结构的发展提供了很好的机会。

　　那么木结构的优势是如何在这些领域体现的呢？通过对建筑的全生命周期分

析，可以看到：

第一，从对生态环境的影响看，木材是一种可再生资源。现代木结构中所使用的木材都来自于可持续发展的森林，比如在加拿大，每砍伐一棵树，就会有4棵树重新种植，这样森林会源源不断地输送木材资源，健康持续地发展。相反，不论是钢材、水泥还是任何矿产资源的开采，都会破坏自然生态，并难以修复，都是不可再生的，不可持续发展的。

第二，木材可以说是一种负碳材料。因为树木的生长过程，就是树木通过光合作用，不断将空气中的二氧化碳转化为木材纤维的过程。每一立方米的木材，可以转化约一吨大气中的二氧化碳，并储存在木材中。如果树木在其生命周期中不被利用，那么它生长后期转化二氧化碳的效率会越来越低，并在最终死亡时，它体内的碳又重新变为二氧化碳。如果这些树木在主要生长周期完成后，被利用到建筑中，它体内的碳将被建筑长期储存，直至建筑生命周期结束。

第三，木材的生产和加工过程以及应用木材建造的过程，所产生的碳排放也大大低于其他建筑材料。木材的加工过程消耗的能源更少，产生的污染也更小。木材的强度质量比很好，同样规模的建筑，木结构的重量更轻，搬运和安装所消耗的能源更少。

第四，木结构的加工和安装过程，天然地符合建筑工业生产的需要。木结构的加工和安装精度大大高于钢筋混凝土建筑，木构件通过自动化设备在工厂加工完成，现场组装效率非常高。而且木结构施工都是干作业，对周围环境影响较小。

第五，从建筑节能角度看，木材是很好的绝热材料，使用木结构可以减小建筑的热桥效应。降低建筑使用期间的能耗，减少碳排放。

第六，建筑的生命周期结束时，相比混凝土和钢结构建筑，木结构建筑的拆除和材料的循环再利用所需要的能耗更少，对环境的影响更小。

观众：面对习近平主席提出的"双碳"目标，请问缪院士，广大教学科研人员应该如何积极响应，为碳达峰碳中和的达成贡献力量呢？

缪昌文：理念上，我们应加强对"双碳"目标、绿色生活理念的宣传，让社会各界能够认识到节能降碳的重要性。就建筑行业本身而言，首先，应当通过各种主动、被动手段，降低运营阶段的碳排放；其次，广大教学科研人员应当保持对绿色低碳建筑的敏锐性，抓住问题，可以结合具体的工程实践项目，也可以通过申请相关基金开展课题研究，切实可行地以智慧力量推动绿色低碳发展。作为教学科研人员，应当主动承担起教学育人的责任，培养同学们与绿色低碳相关的创新思维，提高学生的专业技术水平。

观众：目前，城市更新已经成为城乡建设领域越来越重要的一部分，张彤大师，您之前也曾在常州天宁区开展过关于城市更新的相关实验，可以请您分享一些关于城市更新的研究与经验吗？

张彤：2019年，东南大学建筑学院与瑞典绿色建筑委员会合作，开设规划与建筑设计课程。课程选择位于天宁区的五块场地——同济桥、舣舟亭、东货场、文化宫、茶山村，不仅与城市水系有着历史和现实的关联，更是代表了城市化发展阶段的典型问题。瑞典绿色建筑委员会Citylab将城市可持续发展拆分为10个总体可持续目标和17个重点领域，课程组依托于这17个重点领域对天宁区的5个地块进行观察与分析，梳理其中的矛盾与关键点。事实上，这17个重点领域也构成了可持续发展目标下城市建设和更新的一个参考依据。

这次课程实验目前还仅仅停留在概念性的规划设计阶段，但这次国际合作的收获和感悟还是非常大的，Citylab作为一个建设与评估的辅助工具和经验交流平台，会将城市建设的利益各方汇集起来，共同讨论，协同分析相关问题，以求多方共赢。

观众：我们常说"绿色让生活更美好"，各位专家分享了一系列专业技术与知识，那么对普通市民而言，绿色设计又是如何对我们的生活产生影响的？

刘大威：绿色设计应将"绿色"理念贯彻至设计的各个方面。时代在变化，社会在发展，生活水平在不断提高，人们的认识也在提高，对居住环境的要求也在不断提升。绿色设计让建筑功能更好，性能更佳，空间更好，风貌更美，同时，也在引导人们的绿色生活方式。建筑是遗憾的艺术，没有一栋建筑是完美无缺的，绿色设计也是如此，其必然是在依照既有建设方针的基础上，以最小代价换最好成绩的设计。这是我的理解。

刘志军：绿色设计不仅仅指建筑设计，而是环境友好型设计的统称，在产品的整个生命周期内，着重考虑产品与环境协调的一种设计。绿色设计已经春风化雨般蕴藏在我们的日常生活中，影响了每一个普通市民的衣食住行。绿色设计培养了我们保护环境的意识，促进人与自然的和谐。同时，倡导我们选择更为绿色健康的生活方式。

前面绿色建筑设计已经讲了很多，其他方面，比如绿色服装设计提倡保护动物，禁止掠杀动物，拒绝使用动物皮来做衣服，这几年更是强调简约主义，采用环保、舒适、可循环利用的材质。绿色食品产自优良的生态环境，安全、舒适、无污染，包装设计尽可能简约、材质可降解再回收。绿色交通设计提倡步行、自行车交通和公共交通，鼓励环保的机动车，减少交通对环境的污染。

此外，在其他方面，也可以通过绿色设计，引导社会的绿色发展理念，比如大家都熟悉的无印良品，设计师就是通过简约质朴的包装，反对过度包装的倾向。

章小刚

蔡雨亭

张跃峰

韦伯军

张赟

时间：2022 年 7 月 20 日
地点：江苏常州

主办单位：
江苏省住房和城乡建设厅
国际绿色建筑联盟

承办单位：
常州市建筑科学研究院集团股份有限公司

支持单位：
常州市住房和城乡建设局
江苏省建筑与历史文化研究会

03

第三期

传统建筑中的智慧与绿色实践

主持人
蔡雨亭
江苏省住房和城乡建设厅绿色建筑与科技处处长

中华文明是世界上唯一没有中断过且持续传承发展的人类文明。建筑遗产是民族认同和文化自信的重要资源和物质载体。中国历史上各个时期都留下了类型丰富、形式多样、内涵深厚、兼具科学和艺术价值的建筑遗产。朱大师，您是建筑遗产保护领域的资深专家，请问您是怎么看待传统建筑与绿色建筑之间的关系？

朱光亚
江苏省设计大师
东南大学教授

"绿色建筑"是一个现代的概念，传统建筑的话语体系里没有"绿色建筑"这样的术语，这一术语是在人类工业文明向后工业文明转变和反思工业文明对环境、生态的破坏的历史阶段中提出的。中国古代建筑的整个体系都是低碳的，因而也自然是绿色的。传统建筑，特别是民间的居住建筑，无不以就地取材为主，不同等级的建筑也都在自己力所能及的范围内追求最佳的性价比。各地的地理、气候、经济环境的差异性，使得中国民居的形态千差万别。在这千差万别的形态变化中，如果要提炼其共同的营造理念，可以借用老子在《道德经》里的那段话："人法地，地法天，天法道，道法自然。"这也是中国古代社会处理人与自然、人与人之间关系的重要法则。

在中国传统建筑中，这个法则首先就表现在选址上，古代建造者常常将较为优越的地理气候环境作为首选，以较小的代价取得较好的宜居环境。逐渐地，这种居住环境选择的知识体系被冠之为"地理""堪舆""风水"等称谓。如果有山遮挡，冬天便会更加暖和，如果周边有水面，空气的湿度便会更好，这种对于建筑环境、气候的考虑，其实就是当今绿色建筑的一个重要理念。

其次，在材料的使用上，传统建筑以就地取材为主。比如在木材资源较为丰富的地区，建筑材料便以木材为主；木材资源较为匮乏的地区，建筑材料便以砖、石为主；在江苏北部地区，村镇的普通住房大量使用秸秆作为屋顶材料。从这看来，中国古代的建筑智慧非常接近绿色建筑概念。这种合乎自然规律的态度还表现在古代中国将建筑称之为土木。木、土均来源于自然，最终在建筑材料的使命完成后又能够回归于自然。砖、瓦等也是来自于"土"，这些建筑材料也会一直在新老建筑中持续使用，发挥其最大价值。中国现有疆域中的人口是到了清代以后才突破一亿，清代以前地广而人稀，尤其是在秦汉时期，原始森林丰富，这从越王墓中木椁使用的木材尺寸就可以得知，距今2500多年的今绍兴一带，还有大量直径1米以上的巨大树木。距今3000多年前的陕西石峁遗址中也使用了大量当时树龄就已经上百年的柏木用作砌城的纴木。使用木材消耗大量自然资源是工业社会及人口大量增长后才造成的问题。广西、贵州等地少数民族村寨地区为了解决建房木材的来源问题，实行山林采伐的轮作，这和当代北欧、加拿大森林地带的伐木轮作是同一原理。生土的使用在我国古代不仅历史久远而且成果卓著，从早期的半地穴式住房到高台建筑和叠山，直到如今，在中西部地区乡村仍在使用的土坯建筑、窑洞建筑以及地面建筑中的里生外熟的墙体，藏族的阿嘎土屋面和楼地面等。生土热惰性好，冬暖夏凉，为人类创造了适宜居住的小环境。更有将生土建筑和农业生产一道经营的循环式营造模式。半个多世纪前的华北、东北的农村以及县城的住宅里，一明两暗，明间烧火，次间的地面下和炕下边为烟道，属于地面供暖，过一两年，烟道要重砌，拆除的熏黑了的土坯用作肥料，农民高价到城里来买这种用过了的废土坯，相当于氮肥。自耕农的来自尘土、归于尘土的循环经济由此扩大到居住领域。

不仅是建筑材料，今天的被动式节能建筑，通过构造设计充分利用自然通风降低室内温度的设计手法，在传统民居中一直都是存在的。皖南楼居的民居中，利用小天井拔风和遮阳创造良好的底层和院落宜居环境。不少民间建筑使用冷摊瓦，造成坡顶建筑室内外的热压差，使得外部冷空气流入，将室内热空气从山花处的空隙或窗户中排出，保证了室内温度的舒适性。

现在，建设海绵城市提出做透水路面。古代中国多数地区贫穷，道路没有铺面，或者就是砂石、泥土路面，自然是透水的，只是每逢大雨道路泥泞。在讲究一些的皇家工程里，其铺地做法可看成是海绵城市的精致版。北京北海公园的团城，元、明、清三代都是皇家苑囿的一部分。团城面积甚小，既不连山也不接水，高于城市道路六七米，城上有几株白皮松，当年被封为"白袍将军"，如今依然郁郁葱葱，如果仅靠老天降雨，团城地高，水都排走了，如何度过这八百多年？中华人民共和国成立后，因一株白皮松开始枯萎，通过检查地下工程，才发现白皮松常绿的奥秘：团城砖铺地下面有一套复杂的蓄水排涝的沟渠工程，表面严丝合缝的砖块截面都是梯形，下雨时水从小缝中很快流到下边，回到蓄水沟中，蓄水沟下半部有大量锯末之类的腐殖土，沟中水位达到一定标高会从溢水口流出，沿溢流沟流出团城。团城下边的沟渠将一年要用的水分都蓄起来了，然后慢慢供给白皮松享用。类似的做法在太庙等地也都被发现。

传统民居中，也可以发现类似的绿色措施。例如，苏北的蓑衣墙，秫秸屋顶，隔碱墙基，苏南的填建筑垃圾的空斗墙，闽粤地区的夯土墙垣等。建筑工业化时代的我们虽然不大可能完全照着古代的做法营建当代建筑，但是通过创新性转换，通过将绿色材料改性和工业化生产，通过当代设计者和建造者的构造设计和新型施工，将那些朴素又简单的绿色建造措施融入现代的营造体系里，完全是可能的。

蔡雨亭（主持人）：当前，城市更新逐渐成为行业内工作重点，如何在提升城市品质的同时，着力解决城乡建设中历史文化遗产遭破坏、被拆除等问题，也是我们需要重点思考的内容。今天我们相聚的青果巷，其实就是城市更新与保护的典范。阳大师，在您看来，应当如何处理历史街区有机更新与传统建筑适应性再利用之间的关系呢？请您谈一谈您的看法。

阳建强

江苏省设计大师
东南大学教授

目前，我国的城市更新正在积极地推进，进入了城市更新的新时代，这无疑反映了城市发展的一个客观规律。从国际城市发展轨迹来看，在国家的城镇化率达到50%后，城市更新的活动就会较为频繁和活跃。2021年，我们国家的城镇化率已经达到64.72%，江苏更是达到73.94%。在这样的背景下，国家把城市更新工作列入政府工作报告，并将实施城市更新行动作为国家的重大战略。而在城市更新的过程中，如何保护传承好历史文化，以及如何展现历史街区的当代价值显得十分重要和紧迫。

在对历史街区进行更新的过程中，我们强调整体保护、有机更新和绿色发展的理念：要在城市更新中深刻认识文化遗产的价值，加强历史城区和街区的整体保护，运用中国传统建筑建造中尊重自然环境、敬畏历史文化、顺应地方风土以及强调因地制宜的伟大智慧，结合实际情况，通过绿色实践的不断探索与创新，加强历史建筑的适应性更新和再利用，保护和延续好历史街区的传统风貌。我们今天来到的常州青果巷历史街区，通过多年的维护修缮、环境整治和活化利用，提升了历史街区的空间环境品质，提高了历史建筑的性能，展现了丰富的文化内涵和生活情怀。

在更新改造的过程中必须杜绝大拆大建，要尊重历史街区和历史建筑原来特有的历史文化价值，充分发扬工匠精神，采取适应性的改造设计策略，利用绿色城市更新技术与手段，更新优化街区的现状设施、设备和管线，提高历史街区的人居环境质量，积极引导与历史文化相融合的文化创意、特色旅游、休闲民宿、智慧共享等功能的植入，让历史街区融入当代群众尤其年轻人的日常生活。

江苏很多历史街区在城市更新中焕发了新的生机，比如苏州平江历史文化街区，在保留历史遗迹的基础上，关注现代城市人群的使用需求，注入了许多新的活力。南京大油坊巷历史风貌区（现在的小西湖），通过有机更新，加入了许多年轻人喜欢的元素，成为国内有名的网红打卡点。

在历史街区的城市更新活动中，要在不影响历史文化价值和传统风貌的基础上，鼓励通过技术创新和绿色化改造，运用新理念、新方法、新技术、新材料和新设施，推动传统建筑结合实际使用需求进行更新改造，整体提升传统建筑的性能和品质，这样才能真正实现历史街区和历史建筑的当代价值。

蔡雨亭（主持人）：钱院长，您是艺术设计学院院长，发现美、鉴赏美的能力非同一般，能不能请您谈一谈在传统建筑保护与改造中，应当如何平衡古韵之美与材料之新二者间的关系？

钱才云

南京工业大学艺术设计学院院长、教授

在传统建筑保护与更新改造中，关于如何平衡古韵之美与材料之新二者之间关系的问题，如何切实做好对传统建筑中智慧的传承与绿色实践，我有以下几点认识：

第一在于人。若要做好传统建筑中智慧的传承与绿色实践，关键还在于对人的培养。我们要注重培养高素质的设计人才，善于发现现有的物质技术并合理利用，在建筑作品中实现创新性的展现和延续。设计师应具有较高的艺术素养和人文社科的内涵，能看到问题的本质，并从设计源头抓住关键信息。在常州某些重要区段进行规划设计的过程中，许多高水平的大师被邀请来进行前期的"把脉诊断"。这样的做法与刚刚的观点是不谋而合的。

在许多大师的建筑设计作品中，我们能够看到设计师的综合素养对于建筑作品的重要意义，比如贝聿铭先生设计的苏州博物馆、程泰宁院士的浙江美术馆、南京美术馆新馆，还有王澍先生的宁波美术馆、四方当代艺术湖区三合宅等，他们不光向大众展示了建筑艺术美感，更表达了传统文化在建筑设计中的创新与延续。程泰宁院士对于传统建筑的现代表达与艺术化的展现，在一定程度上影响了许多建筑、艺术专业的设计师、高校学子与艺术爱好者，这是对未来建筑行业人才的一种潜移默化的培养，更是一种对于中国传统文化的社会重视与历史传承。

第二在于建筑的地域性。从技术层面来讲，这是传统建筑文化体现的一个核心。所谓地域性，从物质空间形态来讲，一些简单的地域性符号的利用、独具地域特色的生活场景与空间的营造是一种方式。但是，仅限于物质层面的地域性考虑在我们规划设计中是远远不够的，从精神层面进行地域性文化的深度挖掘是影响城市规划建设落地的重要内容。优秀的传统建筑更新改造，除了展现建筑本身的物质形态以外，更要打造与本地人生活方式充分契合的活动空间，展现建筑服务功能的落地性与持续性。

第三在于建筑的多样性。目前，一些地区传统建筑的更新建设出现了千城一面的情况，这是非常令人遗憾的。在规划建设的过程中，我们要着重关注建筑的差异化展现，深挖当地的地域文化，邀请不同的设计团队进行多样化的设计，展现差异化的设计思维与特长，减少建设雷同情况，也能呈现多样化的建筑面貌与活动空间。

苏州博物馆（图片来自网络）

第四在于技术的应用。设计技术发展到现在，出现了许多较为先进的设计表达工具，包括VR、MR以及交互设计的XR，还有专门计算建筑采光、日照等功能性的技术工具，这些设计工具为我们的设计工作带来了许多便利，也为我们的设计创新带来了更多的可能性。比如，春节期间在武汉黄鹤楼上演的灯光秀，通过技术手段，将中国的传统符号融合人民百姓对于美好生活的向往和期盼进行展现，给大众带来了美的震撼，这是艺术设计一种新的表达，也为我们传统建筑设计中现代技术的应用带来了新的思考。我们可以利用现代数字技术，在传统建筑中提供沉浸式的光影体验，也可以将一些新型材料应用到传统建筑的修缮当中……

从我个人的理解来说，以上的四点内容在实践过程中应该综合起来进行考虑，从高水平的设计师培养到规划设计对于地域性的深度表达、多样化的空间设计，包括新技术在设计中的创新利用，怎样将这些内容融为一体，不断地推陈出新，值得我们不断思考和探索。

蔡雨亭（主持人）：刘主席，您从事城乡建设管理工作多年，能不能请您从行业管理者角度，谈谈江苏是如何在城乡建设中加强历史文化保护传承？

刘大威
江苏省人民政府参事室特聘专家
国际绿色建筑联盟执行主席
江苏省建筑与历史文化研究会会长

很高兴来到历史文化名城常州，在历史文化街区青果巷，在历史建筑和历史空间，与各位专家围绕城市更新、传统建筑与绿色实践展开探讨。

传统民居因地制宜的地域性差异建设，其实就是劳动人民智慧及尊重自然理念的具体体现。比如，过去东北有火炕，就是卧室外灶台通过炕下的烟道与烟筒相连，做饭时灶膛里燃起的烟火通过炕下烟道排出，把热量留在了炕体和炕面，利用余热满足了取暖需求，与热电厂利用余热给居住区供暖是一个道理。早在80多年前，重庆国泰电影院运营方，借用防空洞冬暖夏凉的物理特性，通过鼓风机将毗邻防空洞内空气送到影院，冬天送暖风，夏天送冷风，基本实现了影院的冬暖夏凉，相当于建设了低能耗的"新风系统"。传统建筑一般都充分尊重自然环境，充分结合地域条件进行在地性建设。《阿房宫赋》有段话"五步一楼，十步一阁；廊腰缦回，檐牙高啄；各抱地势，钩心斗角"，生动描述了建筑群组高低错落、精巧紧致，也反映了匠人对自然、环境及地势的尊重；山西应县木塔，作为国内现存最古老、最高大的木结构建筑，经历40多次地震和常年风雨侵蚀，还稳稳屹立，这得益于木塔科学的结构和精致的建造，更彰显了古人的建造智慧和建造技艺。

随着社会的发展，人们对住所的要求不断提高，从满足基本使用功能到追求建筑的性能、舒适和综合品质提升。当代设计新理念、建造新技术和建设新材料，可以在尊重传统建筑空间肌理和风貌的基础上，对原有建筑结构体系进行加固、功能进行改善、使用寿命可以延长，使老宅焕发新生机。

┃ 东北火炕（图片来自网络）

江苏历史悠久、文化厚重。拥有13座国家历史文化名城、39个国家历史文化名镇、18个中国历史文化街区。习近平总书记一直高度重视历史文化的传承与保护，作出一系列批示与指示。2021年9月，中共中央办公厅、国务院办公厅印发了《关于在城乡建设中加强历史文化保护传承的意见》，要求加强一体化保护，留住了文化的根、民族的魂、历史的源。省委、省政府主要领导高度重视，专门批示由省住房和城乡建设厅、省文化和旅游厅牵头研究提出我省贯彻落实意见。省住房和城乡建设厅邀请了王建国院士、朱光亚大师等知名专家学者开展了专题座谈，2022年4月，出台了我省《关于在城乡建设中加强历史文化保护传承的实施意见》。省住房和城乡建设厅一直高度重视历史文化工作，建立了完善的历史文化保护体系，我省历史文化保护工作一直走在全国前列。

同时，江苏省住房和城乡建设厅高度重视传统建筑营造技艺的传承工作，近年来，省城乡发展研究中心围绕传统营造技艺开展了一系列工作，开展相关研究，搭建数字化平台，为传统建筑文化保护传承和当代创新贡献专业智慧。组织这项工作的建筑与历史文化研究会常务副会长章小刚今天也在现场。去年，又在江苏城乡建设职业学院建设传统营造技艺展示中心，集中展示传统建筑和营造技艺，既是教学和实习基地，也是传播历史文化和传统建筑营造技艺的教育基地。

2021年，在省财政大力支持下，城乡建设系统增设"历史文化保护利用"专项引导资金。引导资金数额相对于项目的改善提升而言，也许微不足道，但在项目申报过程中，能够加强对历史文化的梳理和认识，也是一个对历史文化的社会推广过程，项目的示范效应也将推动历史文化保护和传承创新。

2011年，值全省城镇化率达到60%之际，省住房和城乡建设厅联合中国建筑学会、中国城市规划学会、中国风景园林学会共同发布了《城市化转型期江苏城乡空间品质提升和文化追求——江苏共识2011》。共识提出注重规划、设计和文化，从空间、建筑和园林入手，创造时代精品；十年后的今天，面对新发展阶段的新理念、新建筑方针和新要求，2022年5月，省住房和城乡建设厅再次联合中国建筑学会，邀请院士、大师，围绕设计创新和高品质建设进行研讨，并发布了

《面向高质量发展的设计创新和高品质建设——江苏共识2022》，提出创造美好生活、激发经济活力、彰显文化魅力、推动绿色发展，发出新发展阶段的行业声音。2011共识，关注的是物质空间和建筑，2022共识，是关注通过设计创新和高品质建造，改善生活、创造经济活力、彰显文化和推动绿色发展。

今天，我们相聚的青果巷，就是通过改善提升，让衰落的老街区、历史街区，通过设计师的精心设计和精心建造，让居民改善了生活、老街焕发了活力、文化得到了彰显、建筑和空间得以延续，实现了绿色可持续。南京小西湖街区更新改善也是一个范例，通过设计师匠心独运的设计和居民的积极参与，通过系统改造，保持了原有街区肌理和风貌，留住了记忆和烟火气，改善了设施，焕发了活力、提升了生活品质，这也正是我们新共识所主张的。

建筑是流淌的历史印记，通过一个具象的物质空间，我们能够感受到时间的厚重与传统的智慧。文化，是民族的血脉与灵魂。历史文化保护与创新，一方面需要政策的支持，另一方面，也需要大家共同的参与。今天，我们组织的"名家话绿建"活动，目的就是通过专家交流，凝聚共识，传播文化，推动历史文化保护和当代传承和创新。以上是一点个人体会，谢谢大家。

蔡雨亭（主持人）：杨董，您多年从事建筑科学、材料科学的研究，实践经验丰富，能否请您谈谈在现代科学支撑下的传统建筑改造？

杨江金

常州市建筑科学研究院集团股份有限公司董事长

如刘主席所说，新设计理念、新材料与新技术，可以对传统建筑的结构体系进行改造、功能进行改善，使得传统建筑使用寿命延长，焕发新的生机。

在传统建筑保护更新的实践过程中，面临诸多挑战，比如在苏州姑苏区，有一条非机动车道要改为机动车道，而附近的古建保护需求加大了道路改造的难度；苏州许多古桥需要改造更新，既要提高承载力，又不能改变其风貌，面对这些更新难题，我们和设计师一起商量，通过新技术应用，成功将不可能变为可能。在苏州同里古镇，有一处古宅需要提高其抗震性，我们用延性较高的UHDC材料对建筑进行喷射加固，在不破坏古宅结构的同时，有效提升了建筑的抗震性，一举两得。

青果巷历史文化街区在进行历史建筑改造的过程中还应用了三维激光扫描技术。通过非接触式高速激光扫描测量获取地形或复杂物体表面的三维空间数据，例如建筑的平面布局尺寸、构件尺寸、构件垂直度等，这些数据可以很好地和工程应用软件对接。对于一些不便于立刻开展修复修缮工作，但又可能存在危险的老旧建筑，通过智慧监测进行持续性观察，同时进行历史数据的收集和整理，一旦出现险情能够及时预警，并通知有关部门采取应急措施。通过这种数字化的技术手段，我们发现了许多以前的技术手段无法监测到的问题，比如空斗墙是否拆除，倾斜的山墙是否保留，地下管线如何改造等，通过相应的改造技术，在使用需求与风貌保护之间找寻到了一个最佳的解决方案。

传统建筑跟人一样，想要延长寿命，既要恢复技能，也要提升功能，我非常乐意能够在各位专家领导的带领下进行专项课题研究，共同解决城市更新中传统建筑改造的安全问题与功能恢复问题。我在实践工作中总结了以下5个方面：一是动静结合的改造方式。"静态"是对于建筑需要被保留的内容，要尽可能地保留；"动态"是要根据原来的建筑健康状况、历史价值、区域规划、区域功能等要求，进行相应的目标调整。二是借助最新的数字化信息手段。对需改造建筑进行充分测绘，并根据建筑的实际情况来研究采取的改造措施。三是注重建筑安全性的问题。通过新材料的运用、同步顶升等改造措施保证建筑在结构和消防上的安全。四是设计思维综合全面。提升功能是普遍性的问题，但当涉及成品的保护和对周边环境的影响时，要综合考虑，从大局出发考虑问题。五是积极开展科研探索。面对层出不穷的改造新问题和不断更新的新材料新技术，要积极开展相关课题研究，从理论与实践应用层面出发，为传统建筑的改造作出贡献。

蔡雨亭（主持人）：当前，城市更新逐渐成为行业内工作重点，如何在提升城市品质的同时，着力解决城乡建设中历史文化遗产遭破坏、被拆除等问题，也是我们需要重点思考的内容。今天我们相聚的青果巷，其实就是城市更新与保护的典范。邹局长，请您结合青果巷改造的相关实践，聊一聊常州在这方面的工作经验吧？

邹云龙
常州市住房和城乡建设局二级巡视员

　　绿色建筑是指在建筑的全寿命周期内，提供节能、环保、高效舒适的使用空间。对于传统建筑来讲，绿色建筑理念核心在于如何去尊重自然、利用自然，在建筑的传承和创新中寻求各地方特色。可以说，常州青果巷历史文化街区保护工程，就是在"尊重自然、利用自然"理念下传统建筑绿色实践的一种体现。

　　青果巷紧邻世界文化遗产京杭大运河最古老段——常州南市河，是常州市区自明清以来保存最为完好、最负盛名的古街巷，是常州整体历史风貌的精华所在，也是彰显国家历史文化名城特色、支撑大运河文化带建设的重要载体，被江苏省人民政府公布为"历史文化街区"，文化和旅游部也于2022年将青果巷确定为"国家级夜间文化和旅游消费集聚区"。常州市住房和城乡建设局在青果巷历史文化街区保护修缮过程中，进行了一些探索实践，主要可以归纳以下几点：

"修旧如故"的绿色修缮保护

　　青果巷规划面积12.6公顷，街区核心保护区8.2公顷，范围为东至史良故居和阳湖县城隍庙戏楼，南至东下塘路、刘氏宗祠院落南边界以及东下塘沿街建筑，西至晋陵中路规划道路红线，北至现状古村巷和约园。规划范围内共有13处文物保护单位，48处一般不可移动文物，分布有名宅故居、古桥码头、祠庙殿宇、牌坊古井、林泉轩榭、戏楼剧场、学堂校舍等建筑遗存或文化遗迹，街区按"修旧如故"的绿色修缮保护，保存、恢复历史建筑本来风貌，满足人们对"留住乡愁"的渴望。

"街巷肌理"的绿色建设创新

青果巷一期是核心保护区，主要沿古运河呈梳篦状展开，呈现出"深宅大院毗邻，流水人家相映"的空间格局和江南水乡传统民居的风貌特色，是古运河常州段的最佳景点。由东南大学朱光亚老师领衔的修缮团队按照"小规模、渐进式、微循环"的思路和"不改变文物原状"原则开展修缮保护工作，大量明、清、民国古建群落得以保留。

青果巷二期是建设控制范围，由同济大学章明老师领衔，围绕历史文化保护与城市更新主题，依托原有街巷肌理进行规划设计。整体建筑立足江南明清建筑风貌，采用立体街巷、空中庭院等创新设计，融"曲直巷、宽窄弄、深浅径、大小园、遐迩院"等建筑形态及景观特色于一体，并复建两座历史古园林，达到整体协调、细节创新的目标，在青果巷形成常州老城厢特有的文化引力场，成为一座见证老常州城市文脉传承的博物馆，体现传统与创新的对话。

"人文文化"的绿色传承挖掘

青果巷是常州文脉高地，崇文尚学之风绵延千年，先后孕育出百余名进士和一大批近现代名士大家，遍及文学、哲学、政治、艺术、教育、科学、工商等诸多领域，代表人物有中国早期革命领导人瞿秋白，新中国第一任司法部部长、"七君子"之一史良，语言学家、音乐家赵元任，"拼音之父"周有光，洋务运动代表人物、实业家盛宣怀等众多名士大家，以"江南名士第一巷"享誉全国。以街区人文文化为主题，挖掘常州本土文化，讲好常州故事。一条青果巷，半部常州史。

特色品牌的绿色继承发展

作为常州老城厢文化复兴的重要载体，青果巷以运河文化为源流，以江南文化为基底，以名士文化为特色，打造集名人展馆、"非遗"体验、餐饮住宿、文创商业、娱乐演艺、红色旅游等多业态融合发展的"江南名士第一巷"。街区业态规划"印记、艺趣、风尚、雅韵、栖居"五大主题业态。主巷两侧以文化传承为主，打造常州老城厢"雅集慢生活"；二期织补区域以休闲体验为主，融"非遗"传承、精品书店、匠心文创、文化餐饮、曲艺雅韵、潮流名品、青果客舍等多功能于一体。

青果巷按照"全国一流名士博物馆群落、一站式微度假文化酒店集聚地、复合式文旅商街区"的特色定位，深入挖掘集运河文化、名士文化、红色文化、古建文化、"非遗"文化、民俗文化为一体的"青果文化"专属IP，努力打造全国知名的历史文化街区及文化旅游消费集聚地。

观众：在传统历史文化街区的改造和再利用过程中，我们应当如何平衡城市发展建设与历史文化保护两者之间的关系？

阳建强

江苏省设计大师
东南大学教授

2022年是我国历史文化名城保护制度建立40周年。如今国家历史文化名城的数量已达到141座，各省区市也相继构建完善了自己的历史文化名城保护体系。如何平衡保护与发展之间的关系，一直以来为大家广泛探讨的话题，这涉及一座城市的社会、经济、文化、空间等多个方面。

在过去的很长一段时间，不少地方是把保护和发展割裂开看的，当时认为保护与发展互相不可协调，错误认为凡保护必然阻碍发展，凡发展必然有损传承。然而，回头看来，无论是江苏还是其他历史文化名城，之所以能够保持历史文化名城强大的生命力，恰恰在于处理好了保护和发展之间的关系，实现了二者的和谐统一。

　　想要保护传承好历史文脉，活化利用远比故步自封更重要。通过有机更新，历史城市的价值得以更好地展现和再利用。当前，我们也在不断强调新的发展方式。高速城镇化建设时期的大拆大建模式已经不再符合新型城镇化时期的城市发展需求。从大方向上而言，我们应当建立起适应社会发展需求的文化保护体系。今年年初，我国启动了长江国家文化公园建设工程。长江是我国第一大河流，与黄河一起并称为中华民族的母亲河。长江在中华文明的起源发展中发挥了极为重要的作用，是中华文明多元一体格局的标志性象征，很大程度上丰富了中华文明的文化多样性，保护好母亲河的悠久文化，进一步提升中华文化标识的传播度和影响力，向世界呈现绚烂多彩的中华文明，具有重大而深远的意义。微观而言，我们应当积极运用各种技术手段，通过低影响、适应性的更新改造，在尊重文化价值与历史传承的前提下，注重历史文脉的保护传承与创新性发展，通过新功能、新业态的植入，不断提升历史城市的魅力与活力。

　　通过宏观和微观相结合的方式，实现保护和发展的和谐共生，实现文化遗产的推陈出新，让历史价值在发展中得到更好的升华。

　　观众：传承与创新在建筑设计中是不变的主题，怎样将传统建筑中的绿色智慧融入我们当代的设计中？

朱光亚

江苏省设计大师
东南大学教授

　　我读建筑学专业时，老师教我们要学会创新，初学做方案时如果找不到门道，可以多抄绘多临摹，多参考已有的优秀方案，但是不能一辈子只知参考，不知创新，否则无法形成真正属于自己的东西。在建筑领域，创新创造是灵魂。真正优秀的设计者与其他设计者的差别可能就那么一点，那就是优秀设计者有创造性。

建筑的创造是一个根本的问题，后来，我在研究古建筑修缮的过程中，有学生曾问，古建筑修缮的创造性何在？我给出了这样的答案：古建筑修缮同样需要创造创新，只是形式不同，如何最大可能地保留并展现古建筑原来的样子，并满足现在的功能需求，需要很大的创造力，只是这一部分常常被忽略了。在建筑遗产的保护、规划、修缮中，往往通过细微的技术创造，能大大提高使用者的舒适度。

　　站在建筑绿色可持续发展的角度，我有以下几点思考：

　　第一，既要保护也要利用。对于青果巷的历史故事与名人事迹，要深入挖掘其中的精神遗产，并在建筑改造和街区设计中积极扩大宣传和影响。第二，坚持可持续发展的设计。现代人对于生活条件的要求越来越高，导致了水、森林等资源的紧缺，这就需要我们进行可持续的发展设计，要在改造建设的过程中，积极开发应用先进的绿色节能技术，达到绿色低碳的生活要求。第三，历史性建筑特别是全国重点文物保护单位要以保护为主，功能开发为辅。这些遗产只要能好好地保存下来，就是最大的贡献。当然，如果在此基础上，能够满足人们一定的功能需求，这已经是很大的进步了。第四，积极进行设计创新。在新的建筑体系中，历史建筑难免显得较为落后，作为现代建筑师，我们应该要充分发挥创新精神，借鉴历史建筑建造经验，利用先进的技术、材料，为建筑的发展继续努力。第五，真正认识到中西方在建筑思想体系中的差异。绿色建筑，并不是一定要建一个使用寿命达到100年的建筑，材料本身可再生、可重复利用，那便能够达到同样的效果。《黄帝宅经》云：夫宅者，乃是阴阳之枢纽，人伦之轨模。这与西方强调的建筑（architecture）要有艺术（archi意为艺术）不同，中国古代的住宅讲究的是人与自然的和谐，强调服务于社会的人伦秩序。所谓艺术，只是建筑的一个部分。

　　所以，传统建筑中的文化传承，不是只保留外部形态与记忆就是传承，而是要上升到理论、哲学、思想和文化的层次上。所以，我们不光要向西方学习技术理论，更要研究继承中国古代的绿色建造哲学与思想。

时间：2022年12月7日
地点：江苏南京

主办单位：
江苏省住房和城乡建设厅
江苏省人民政府外事办公室

承办单位：
国际绿色建筑联盟
江苏省住房和城乡建设厅科技发展中心
南京长江都市建筑设计股份有限公司

支持单位：
江苏省城乡发展研究中心
江苏省城镇化和城乡规划研究中心
东南大学
南京工业大学
南京林业大学
林创中国
江苏省建筑与历史文化研究会
江苏省绿色建筑协会
现代木竹结构建筑与人居产业联席会
苏州园林设计院股份有限公司
苏州昆仑绿建木结构科技股份有限公司

04

第四期

木结构建筑·绿色低碳

刘大威

江苏省人民政府参事室特聘专家
国际绿色建筑联盟执行主席
江苏省建筑与历史文化研究会会长

　　2008年，江苏与加拿大BC省签署《合作谅解备忘录》，推广现代木结构建筑技术。林创中国，一直积极参与江苏建筑领域的绿色低碳发展。请加拿大BC省林业创新投资署中国区（林创中国）企业传讯和政府事务主任高宇翔先生谈谈，当前，全球都在共同努力、致力改善气候环境，中国在2020年，向国际社会作出碳达峰、碳中和的庄严承诺，此背景下，林创中国在推动加拿大和江苏在木结构建筑领域合作交流方面，有哪些相关计划和举措？

Travis Joern/ 高宇翔

加拿大BC省林业创新投资署中国区企业传讯和政府事务主任

　　林创成立于2003年，2004年成立中国办事处。一直以来，林创与江苏的高校、科研院所和企业，围绕木结构示范项目，开展技术研究、实践探索和学术交流。

　　2019年，国际绿色建筑联盟代表团赴加拿大进行绿色建筑商务考察，参加了加拿大绿色建筑大会，与世界绿色建筑委员会、加拿大绿色建筑委员会、加拿大建筑节能材料供应商与技术服务商等进行了深入的交流对接。

　　在"双碳"背景下，木结构建筑优势更加凸显。现代木结构建筑是绿色建筑的一种新形式，在低碳节能、循环利用、减少垃圾、固碳储碳等方面均具有良好的生态环境效益。

　　2022年11月，工业和信息化部、国家发展改革委、生态环境部和住房和城乡建设部联合发布了《建材行业碳达峰实施方案》，在构建绿色建材产品体系中把木

| 常州溧阳聆湖工程 | 常州近零能耗木结构建筑

| 无锡雪浪小镇数据创新中心

竹等产品碳排放指标纳入绿色建材标准体系。

　　此外，预制构件和装配式工艺的应用也被视为控制建筑污染和排放的一种手段。现代木结构建筑与装配式建筑相伴而生。现代木结构建筑通过设计、生产、施工、数字化管理等各个环节的技术创新，解决了传统木结构在结构连接、消防、抗震等方面的难点。木结构建筑通过与混凝土结构、钢结构的有机结合，正在探索装配式建筑的更多可能性，对中国新型建筑工业化发展起着重要的推动作用。

当前，乡村振兴方兴未艾，现代木结构逐步成为满足乡村绿色低碳建设的高匹配度的解决方案，同时能融入"天人合一"的人与自然和谐的传统观念。

江苏省持续推动绿色建筑发展，已建成全国最成熟的木结构产业链，拥有从事与木材项目相关工程建设和课题研究的顶尖学术专家、领先设计机构、大学、开发商和建筑商等。我们期待继续与江苏省开展更深更广的合作，一起推动现代木结构建筑技术服务江苏省建筑领域"双碳"目标。

刘大威（主持人）：近年来，现代木结构的工程实践应用越来越多，江苏相继落成了一批木结构建筑，在此，不得不提一座在行业很有影响的项目，由东南大学王建国院士领衔设计的第十届江苏省园艺博览会主展馆——凤凰阁。

王建国

中国工程院院士
东南大学教授
国际绿色建筑联盟咨询委员会专家

第十届江苏省园艺博览会在扬州仪征举办，我被邀请做主展馆设计。通过对扬州历史的一些了解与研究，我从古代山水画"别开林壑"中获取设计灵感。这幅画展示了过去扬州郊邑园林，具有在郊邑结合自然环境、自然开合的特点。江苏省是绿色建筑大省，多年来绿色建筑数量、建设水平在全国比较领先，因此，我产生用木结构来建造园林博览会主展馆的构思。最初设计就有了一个"潜伏设计"的概念，即在设计展览的时候，就考虑到日后改造成精品酒店的可能性，包括水电的配套设施等。通过可持续的利用，来实现绿色建筑全生命周期的运维。

第十届江苏省园艺博览会博览园主展馆

刘大威（主持人）：11月6日，中国第13届国际园博会在徐州开幕，园博会游客中心受到一致好评，项目为钢木结构，由东南大学韩冬青大师主创，今天，韩老师也来到现场，请韩老师分享他的创作和结构选择的理念和心得。

韩冬青

全国工程勘察设计大师
东南大学教授
东南大学建筑设计研究院有限公司首席总建筑师
国际绿色建筑联盟副主席、咨询委员会专家

游客中心项目位于园区主入口，是徐州园博会的"迎宾员"。项目地理位置很特殊，主入口轴线与两座形态对称的青山相呼应，远处有案山对景，是典型的风水格局的体现。

徐州是汉文化的发祥地，游客中心设计需充分挖掘和体现汉文化的特点；同时，园博会本身所传递的"人与自然和谐共生"理念，也应当在建筑中得到表达。我们参考了汉代"长建筑"形制，选择了坡屋顶的表现形式，没有举折与起翘，保

| 徐州园博园游客中心俯瞰

| 游客中心内部

留汉式建筑大气浑厚的尺度感。有趣的是，当我把建筑的照片分享给周边朋友时，大家的第一反应就是"这应该是徐州的建筑"，这也从侧面验证了建筑的汉文化气质。

游客中心的最终目的还是服务当代。建筑内部形态以三角为主体秩序，通过简洁的表达及稳固的力学性能，彰显建筑的大气厚重；采用胶合木材料，呼应建筑气质的同时，充分发挥现代木结构集约化性能；运用装配式的建造方式，相比于传统建造方式更为安全、迅捷；主入口的大敞厅也是一种气候庇护设施，遮阴避雨，体现建筑人文关怀。

为了将更多的空间让渡给游客，建筑内的柱子须尽可能少，这也是选择三角结构的重要原因。从主入口到游客中心内部，采用系列配套的结构材料。为了贯彻绿色低碳理念、增强游客对建筑的亲近感，内部空间不做过多装修。这栋建筑，看不到任何具象的汉代符号，采用的所有要素均是现代的，但依旧表达出汉代建筑的意向。我追求以简练的设计语言、结构选材表达地域文化，通过这一项目，我想这是可以实现的。

刘大威（主持人）：谢谢韩老师。您在园博会的另一个作品"一云落雨（国际馆）"，我印象深刻。建筑是个正四锥体，最完美稳定的形式之一，屋顶呈正四锥，基座呈倒四锥，如同舞者亭亭玉立在隆起的地面上。项目造型轻盈别致，与环境有机融合，室内空间新颖，光线透过屋顶采光天窗，在室内落下梦幻般变换的光影，非常精彩。建议大家游览徐州游览园博会时，可重点体验。

刚刚谈及的凤凰阁、游客中心、国际馆，都是木结构或钢木结构建筑，也都采用了装配式建造，是建筑工业化的重要方式。长期以来，南京长江都市建筑设计股份有限公司一直致力于装配式建筑的设计与研发，设计建造的江北新区国际健康城人才公寓社区服务中心，是一栋木结构零碳建筑，也是省级超低能耗示范项目。有请汪董事长结合工程实践，介绍一下木结构建筑推动绿色低碳、可持续发展的重要作用。

汪 杰

南京长江都市建筑设计股份有限公司董事长
国际绿色建筑联盟副主席

中国几千年的建筑历史长河中，永远绕不开木制营造。长久以来。木结构建筑一直是中国人起居生活中最深情的依托，中国的木结构建筑，历经长时间发展已塑造出自身独特的展现方式。首先，木材是天然的低碳型建材，具有可再生、可循环、可降解的特性。此外，现代木结构体系采取装配化施工建造，现场装配速度快，能够有效缩减工期，且木结构建筑抗震性能优异，韧性高、自重轻。使用木质建材能为建筑领域"双碳"目标实现带来新的契机和力量。

江北新区人才公寓1号地块社区服务中心是我司探索木结构建筑发展的重要实践。项目位于南京市江北新区，总建筑面积为2376平方米，地上共三层，主要用于社区服务和物业管理和展示。项目采用新型木结构，设计语言缘起于"城市森林"，尝试在城市空间营造一种"存在于自然""生活于自然"的氛围。通过采用当代工程木材料和新的连接方式，将木结构的形态"再还原"成树木枝干，并将所支撑的太阳能光伏屋架意向为"树冠"，既体现了结构与自然材料的特点，又为置身于建筑内部的人们营造出一种仿佛身处森林之中的空间意向，以冀为社区生活提供一片体味自然的天地。

项目通过热过渡空间设计，有效减少了主要空调房间的负荷。为消解中庭带来的热环境问题，项目设置了高性能的模块化天窗，在采光、通风、遮阳、保温、智能化等建筑环境需求间寻求合理的平衡。

作为全国首个直流微网与住宅社区结合的示范项目，人才中心聚焦可再生能源的就地消纳，整栋楼宇采用直流配电，通过直流末端应用直接使用光伏产生的直流电能，能够实现100%可再生能源替代率。

项目希望通过自身建筑的低碳设计语言、内部可循环材料及设备设施的运用，向公众传达一种绿色低碳的生活态度。筑木而居、道法自然，木结构建筑以其独特的性质逐渐带动行业热点，木结构建筑未来将逐渐成长为零碳建筑新蓝本。

刘大威（主持人）：谢谢汪董事长。长江都市近年来在绿色建筑、装配式建筑的研发与实践方面取得显著成效，获得许多国家大奖，期待有更多好成果。今天，我们所处的芥子园，始建于明末清初，后复建，重现300多年前李渔的私家园林。风景、园林与建筑总是密不可分，互为依存。

贺大师，您是园林大家，设计、建造了国内外许多优秀的园林景观，能否请您聊一聊，园林在人们日益增长的美好生活需求中所起的作用？在您看来，应当如

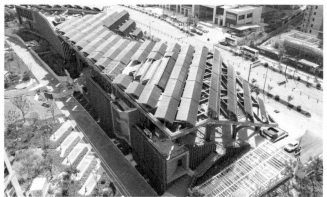

| 江北新区人才公寓 1 号地块社区服务中心

何将现代的、先进的建造技术与精巧别致的古典园林相结合，使其在当下依旧熠熠生辉呢？

贺风春

江苏省设计大师
苏州园林设计院股份有限公司董事长
国际绿色建筑联盟技术委员会专家

园林是人与自然协同的产物，我们生于斯、长于斯，充满诗情画意的绿色园林，可以说是人们最为向往的居所。园林离不开木结构建筑，具体可以表现为以下5个方面：

木以营园，天人合一。中国园林追求"天人合一"的造园理念，营造和谐的人与自然关系。我国传统建筑通过将建筑实体与建筑空间、建筑环境、自然风景等巧妙地结合，在建筑选址、布局、形体、结构以及色彩、风格等方面，都追求与当地人文环境和自然环境的相生相融。

木以成画，佳景无限。江南园林是"文人写意山水园林"，她是按照中国文人山水画的审美标准，叠山理水，植树栽花，创造出来的富有"诗情画意"的人居环境。我们今天身处的芥子园就是一个很好的典范，移步换景间，令人产生无限遐想。

木以构室，灵动空间。中国传统民居和园林建筑是木结构建筑，主要以木梁柱作为承重结构，墙体和门窗起围合作用，是非受力构件，这样承重结构和围合构件两部分是可以相互独立出来的。在园林建筑空间当中，还可以使用可活动的部件，如门洞、栏杆、画屏、漏窗、珠帘等，实现室内外空间的渗透与穿插，也实现了建筑体的空间自由分隔，满足交通、利于采光、便于通风等多项基本功能，有效过渡和连接了不同的空间。同时建筑上的木构装折艺术与室外的自然景致相得益彰，形成框景、对景等，呈现妙不可言的园林画卷。

木以承术，营造有法。我国古代木构建筑具有体系模数化、标准化的特点，北宋时期便刊印了《营造法式》，实现了"中国古代的建筑标准化建设"，直至如今依然极具影响力。

木以归真，未来可期。在当前提倡低碳经济的社会背景下，全球都在探索如何回归木结构与人之间的建设关系。树木和人都是自然不可分割的一部分，木架结构的使用使得树木在建筑中又重新赋予了生命。以木架构为主要建筑材料的设计，在对木材进行循环利用的同时，也实现了树木资源的重复利用，降低了建筑材料的资源能耗。

在当前提倡低碳经济的社会背景下，如何利用木结构、胶合木结构或者钢木结构进行建筑再创作成为一个新话题，建筑师和园林设计师都在为实现建筑自身功能和艺术欣赏价值的提升而努力。

刘大威（主持人）：优秀的建筑，需要优秀的设计，也需要高水平的施工能力和精致的建造，苏州昆仑绿建木结构科技股份有限公司一直致力于现代木结构建筑的构件制作与项目建造，建成许多经典作品，在行业内享有盛誉。请倪竣董事长分享木结构建筑的加工制作与建造。

以木梁柱为承重结构的建筑空间

倪 竣

苏州昆仑绿建木结构科技股份有限公司董事长

　　木材，可刚可柔，变化多端。从音乐家指尖跳动的音符，到大国重器、炮利船坚，都离不开木的身影。小提琴面板仅厚2.5毫米，却可以支撑琴弦300年不变形。转到建筑行业，我们要做的，就是充分挖掘木材的优异性能，使其能够满足建筑师的需求。目前，加美地区建筑建材主要有7个品种、3种厚度，通过这些材料的不同组合，高效率满足多样的建造需求；日本多仿古建筑，但真正研究后可以发现，其多采用集成材而非原木，使建筑的受力性能更稳定。随着工业的发展，我们想要每一栋建筑都如工艺品一般雕花漏窗、玲珑精美，是不太现实的。因此，我曾设想，借助数字化的手段，以仿真程序代替人工，取得了一些成果。

　　"太湖·御玲珑"是我们做过的一个纯住宅项目。其中别墅采用纯木结构建造，多层住宅采用木混结构，是国内一大突破。项目充分利用木结构墙体工厂预制化程度高、现场吊装速度快，保温、隔声性能好等特点，为木结构部品部件在多高层住宅中的应用提供了良好的示范作用。此外，项目中突破性地使用了体温墙体技术，将毛细管网与模块化木质墙体相结合，以水为制冷、制热媒介，与雨水回收系统及太阳能集热器相结合，冬季供暖，夏季制冷。由于体温墙体内毛细管换热面积大，且通过辐射方式换热，使得室内温度分布均匀、舒适度大幅提高。

　　南京丽笙酒店项目则位于南京汤山园博园内，项目北楼地上三层，南楼地上四层，主要结构类型为钢框架-木屋盖，木屋盖面积1.3万平方米。为了适应屋面曲线的流畅性，丽笙酒店项目南北楼由三千多根异形胶合木梁组成，为中国最大胶合木屋面，木梁长度范围3～24米，曲率各异，每根木梁都是独一无二，如果采用人工的方式进行加工、拼装，会产生较大的误差。利用BIM技术对木构件进行电脑预拼装，参数化编程生成加工程序，确保每个构件的精确度。在智能制造工厂，智能机器人再根据指令对木料进行切割、打孔等操作，生产出与模型一致的预制木构件，将大尺度木结构加工过程的耗时缩短了近60%。

| 太湖——御龙湾 | 南京丽笙酒店 |

　　刘大威（主持人）：木结构建筑是我国的传统建筑形式，习惯认知中，相比于其他建筑结构，木结构建筑精美亲切，但在安全和耐久性上有不足。陆校长，您长期进行木结构的研究和应用推广，也曾在贵州建了一座木结构游泳馆，对于大跨、潮湿、变形、消防等问题，估计很多人会有疑惑，请您谈谈对现代木结构建筑建造和相关研究的体会。

陆伟东

南京工业大学副校长、教授
国际绿色建筑联盟副主席

　　谢谢主持人！木材是唯一可再生的建筑材料，树木在生长过程中，每形成1立方米木材大约吸收1吨二氧化碳，具有汇碳、固碳、储碳的效应。因此，木结构建筑除了具有易于工业化生产、便于装配等优势外，突出的特点就是具有显著的绿色低碳特征。

　　木结构建筑的减碳优势，不仅体现在其建成后的运行维护方面，更体现在建材生产及建筑建造阶段。建筑的用能和用电等运行直接碳排放加上按照消费者责任计算的建筑隐含碳排放，就是建筑全生命周期的碳排放，建筑物总计的碳排放接近甚至超过全社会排放量的一半。总量中除了包括建筑存续期间的能源使用形成的碳排放，也包括建造建筑物使用的大量建筑材料生产而形成的碳排放。现有研究数据表明：建筑每平方米所用建材在生产时排放约450公斤二氧化碳，假设其中有一半被木结构材料替代，二氧化碳排放就减少约230公斤每平方米，加上采用木结构每平方米约使用0.2~0.3立方米木材，将固定二氧化碳200~300公斤每平方米，合计每平方米将减少约500公斤二氧化碳，以我国每年十几亿平方米的新建建筑总量来考虑，其减少的碳排放量是极为可观的。

　　发展至今，现代木结构建筑的应用已经越来越广泛，除了常见的住宅和小型公共建筑外，木结构在高层建筑、大跨建筑等方面均可以胜任。在国外，加拿大、美国和欧洲均有超10层的木结构建筑，目前世界最高的木混合建筑达20多层、80多米。在国内，南京工业大学主编的《多高层木结构建筑技术标准》GB/T 51226—2017在2017年已经实施，《建筑设计防火规范》GB 50016—2014也将对木结构的最大层数和最大高度予以突破，相信会有越来越多的多高层木结构涌现出来。我校在前期的设计实践中，也完成了6层纯木结构建筑——鼎驰木业办公楼、单层层高27米的第十届江苏省园艺博览会主展馆以及竖向组合的8层木-混凝土混合结构江苏省康复医院等工程案例。

| 挪威14层TREET | 挪威18层85米公寓酒店

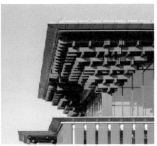

| 常州淹城中学体育馆

| 苏州霄虹桥

| 山东滨州飞虹桥

　　木结构由于其材料较高的强重比，尤其适用于大跨结构的建设，像我们完成设计或计算分析的贵州榕江游泳馆、长春全民健身中心游泳馆、苏州第二工人文化宫游泳馆均采用了张弦拱或张弦梁的形式，最大跨度为50多米，结构形式新颖美观、受力明确简洁。常州淹城中学体育馆采用了层叠斗栱加木结构桁架的受力方式，采用现代木结构实现了具有传统木结构元素的大跨屋盖。

　　木结构的防火、抗震以及耐久性能引人关注。考虑大断面木构件受火面碳化层的隔热作用，其抗火性能是可控和可设计的。采用恰当的防腐剂对适宜的木材进行处理，并选用合适的表面涂饰材料，木结构的耐久性能也是能够保障的。如

2013年建成的苏州胥虹桥，已在户外正常运行9年，性能依旧十分良好，从侧面印证了木结构的耐久性。后来我们设计了跨度99.6米的山东滨州飞虹桥，是目前世界跨度最大的木结构拱桥。随着"双碳"目标的深入实施，随着行业和社会对木结构建筑的认可程度越来越高。我相信，在建筑师与结构师的通力合作下，必然能创造出更多、更优秀的木结构作品。

刘大威（主持人）：谢谢校长的精彩分享。陆校长通过研究与案例，生动展示了木结构建筑在固碳、防火、耐久以及满足当代生产生活需求等方面的优势。阙教授，您带领的团队上个月刚刚完成了足尺寸现代木结构建筑体系的抗震试验，受到多方关注。请您围绕木结构抗震安全等性能，谈一下现代木结构建筑推广应用的必要性和可行性。

阙泽利

南京林业大学教授

我国位于环太平洋地震带与欧亚地震带之间，受太平洋板块、印度板块和菲律宾海板块的挤压，地震断裂带十分活跃。而目前我国农村民用木结构建筑的抗震防灾技术相对薄弱，在大震中人员伤亡和财产损失较大。今年11月21日，我们项目团队开展了国内首次双层梁柱结构抗震实验。

实验按照中国建筑抗震标准，分别在抗震设防烈度为7度设防、7度罕遇和8度罕遇下共39个实验工况对双层79.6平方米的足尺寸木结构建筑进行抗震实验。所有木构件均在工厂预制加工并标记产品信息，施工现场分拣效率高，在整幢建筑安装过程中未出现一处尺寸误差；紧固件品质优、易安装，可依照槽孔周边对应的标注信息提前安装到梁柱关节处，在胶合木梁的安装时，无需人工用力敲打木梁端部，利用木梁自身重力即可实现紧固件的顺利对接，再通过金属销钉的多角度固

搭建完成的双层木结构建筑

定，便可实现节点的紧密结合；因此，搭建双层79.6平方米的足尺寸木结构建筑仅用时2.5日便顺利完成。

实验历经3小时顺利完成，证实了按照日本规范设计的木结构建筑能够经受中国建筑抗震标准的考验，在实验结束后的拆除过程中可以发现，建筑节点并无任何变形情况出现。这对于我国今后引进PIKM现代木结构体系并加以吸收、创新具有重要而深远的意义。

希望通过此次木结构抗震实验，能够增强社会各界对木结构建筑防震减灾能力的认知和信心，并吸引更多创新型人才参与木结构产业的高质量发展，助力我国早日实现"3060"碳达峰、碳中和目标。

刘大威（主持人）：多年来，中国房地产业协会持续推动人居环境改善，2022年7月份，专门成立"现代木竹结构建筑与人居产业联席会"。今天我们也邀请到了中国房地产业协会人居环境委员会朱彩清秘书长与大家交流。请朱秘书长谈谈，如何从行业协同、产业链接的角度，推动木结构建筑发展，构建环境友好人居空间？

朱彩清

中国房地产业协会人居环境委员会秘书长

中国房地产业协会作为建设行业协会组织，围绕推动行业绿色转型和高质量发展，开展了一系列工作。目前已初步构建完成了城乡人居环境理论体系；同时紧密联系各级政府、科研单位及开发企业，开展不同层次的人居环境优秀科研成果转化与应用，实现产业链上下游资源链接、整合，推进城乡人居环境质量提升。

近期，中国房地产业协会牵头，汇集行业50多家产学研用单位共同承担《绿色宜居住区质量与建筑品质满意度研究》，开展中华人民共和国成立以来规模最大、覆盖面最广、时间跨度最长、涵盖居住类型最多的居住满意度大调查。通过对全国3万多位居住者的调研，系统梳理了改革开放40年来住房建设成就，存在的居住问题，客观真实地反映了现阶段居民住房升级的进一步需求和愿望。对于住房和城乡建设领域所面临的绿色低碳宜居新要求和"十四五"时期完成21.9万个老旧小区改造新任务，提供了重要的参考。我们深切感受到，随着人们生活水平的提高和生活方式的改变，以及重大公共安全事件的推动下，绿色宜居、健康安全的居住需求进一步凸显。可再生、环保、亲和、质感、艺术性等，这是木质材料赋予建筑所呈现出来的独有特性。木结构建筑不仅在我国拥有悠久的应用传统和良好的产业基础，是中国诗意人居的重要组成内容。在绿色低碳高质量发展的背景下，木竹结构建筑在低碳节能、循环利用、减少建筑垃圾、固碳储碳、改善建筑生产方式等方面优势更加明显，能够更好地满足新时期人们对高品质城乡生活空间和多元化居住产品的需求。

希望各位领导和专家多多参与和指导联席会工作，将优秀的科研成果转化应用。联席会还将从产业调研与技术咨询、成果推广与试点推进、展览展示与经贸互通、信息交流与人才培养、标准化建设等方面加强工作，让更多更优秀的科研和产业资源配套到我们房地产开发的第一线。绿色、低碳、宜居的人居新时代，需要产学研用的协同融合与创新，人与自然和谐共生是我们诗意栖居的共同目标。

刘大威（主持人）：刚刚，各位嘉宾从不同角度，分享了他们的设计、建造、制作与研发，分享了案例，我想，大家一定受益匪浅。今天我们还请到了加拿大木材理事会市场开发副总裁安德鲁·鲍尔班克先生，请他分享一下国外木结构建筑的优势与特点，木结构建筑在中国会有怎样的发展和前景？

安德鲁·鲍尔班克（Andrew Bowerbank）

加拿大木材理事会市场开发副总裁

木结构建筑和重型木结构技术是全球建筑领域即将看到的下一个重大转变，木材是唯一的可再生建筑材料，它有益于人类的身心健康，并有可能对我们正在努力解决的气候危机产生巨大影响。加拿大在木结构建筑和创新方面的贡献深深根植于我们的经济历史，加拿大拥有世界上最大面积的森林，我们有责任继续推动木结构建筑走向一个繁荣、可持续、低碳的未来。可持续发展正在产生新的含义，更加关注低碳经济，这需要综合考虑环境和经济效益，来探索可持续发展的实现路径。从建筑行业领域来看，建筑物和基础设施是我们生活的空间，所以，我们首先要保证它们是绿色建筑，同时也要确保建造时使用合适的材料。我认为建筑项目需要考虑如何将最先进的绿色建筑与碳计算，以及创新的技术测试和验证相结合。建筑行业目前面临的挑战是计量和审核施工过程中的碳排放，以及使用的材料自身的碳排放，我们甚至不确定拆除阶段的排放情况，因为有很多基础设施仍处于使用和运营中。可怕的是，世界经济论坛发出这样的声明，我们在建筑领域使用的砂石量，正在迅速耗尽，每年使用量达到110亿吨，世界上90%以上的海滩缩短了40米。

多伦多滨水区的Sidewalk Lads是一个深度智能的社区，城市街道使用自动驾驶汽车技术测试，亮点是，这个社区的每一栋建筑都是重型木结构建筑。这个项目是一个整合生活、工作和娱乐的创新概念。所以，可持续发展是对城市规划和发展相结合的，用重型木结构来建造高层建筑。那么，我们需要做什么，需要怎样的解决方案，我们必须向行业展示潜在的机会，必须尽可能地展示已有的成功案例，必须跨行业整合解决方案。这方面，我们还有很长的路要走，还有很多事情要做。

时间：2023 年 4 月 12 日
地点：江苏苏州

主办单位：
江苏省住房和城乡建设厅
国际绿色建筑联盟

承办单位：
江苏省住房和城乡建设厅科技发展中心
启迪设计集团股份有限公司

支持单位：
苏州市住房和城乡建设局
江苏省建筑与历史文化研究会
江苏省绿色建筑协会

05

主持人
张跃峰
江苏省住房和城乡建设厅科技发展中心主任（时任）

　　2023年，是贯彻党的二十大精神的开局之年，是实施"十四五"规划承前启后的关键一年。怎样实现江苏绿色建筑更高质量发展，备受行业关注。今天，我们有幸邀请到省住房和城乡建设厅总工程师路宏伟来到现场，请您从行业管理的角度，谈谈对建筑绿色设计与建造的看法？

路宏伟
江苏省住房和城乡建设厅总工程师

　　我非常高兴参加"名家话绿建"活动。其已成功举办4期，二十多位院士、全国工程勘察设计大师等国内外名家受邀分享经验，探讨城乡建设绿色发展的实施路径。这项活动已成为江苏贯彻新发展理念、传播绿色建筑发展经验、推动绿色建筑高品质发展的一个重要平台。今天能与在座各位行业专家、主管部门代表围绕"绿色设计与建造"这个主题展开探讨，我感到非常荣幸。借此机会，向大家介绍一下省住房和城乡建设厅在新时代推动绿色建筑高质量发展的有关情况。

　　党的十八大以来，江苏城乡建设领域深入贯彻习近平新时代中国特色社会主义思想，坚定不移将创新、协调、绿色、开放、共享的新发展理念落实到绿色建筑发展中。2015年，我们在全国率先制定实施了《江苏省绿色建筑发展条例》，将绿色建筑发展纳入法治化轨道。通过近10年的努力，我省建筑节能标准实现了从50%到65%再到75%的逐步提升，绿色建筑占新建建筑比例也从2015年的31.9%提高到了2022年底的99%，高于全国近10个百分点，绿色建筑规模始终处于全国前列。

2022年，党的二十大全面擘画了建设社会主义现代化强国的美好蓝图，明确了以中国式现代化全面推进中华民族伟大复兴，提出了新时代新征程党和国家事业发展的目标任务。比如，要推动绿色发展，促进人与自然和谐共生；要推动形成绿色低碳的生产方式和生活方式；要积极稳妥地推进碳达峰碳中和，等等。今年全国两会期间，习近平总书记在参加江苏代表团审议时对江苏下一步发展提出了殷切期望，提出了"四个必须"的重大要求，其中有一条我体会很深，也与绿色建筑密切相关，就是"必须以满足人民日益增长的美好生活需要为出发点和落脚点，把发展成果不断转化为生活品质，不断增强人民群众的获得感、幸福感、安全感"，为我们下一步如何推动江苏绿色建筑高质量发展指明了方向，提供了遵循。

2020年9月22日，习近平主席在第75届联合国大会一般性辩论上宣布："中国将提高国家自主贡献力度，采取更加有力的政策和措施，二氧化碳排放力争于2030年前达到峰值，努力争取2060年前实现碳中和。"据统计，到2022年底，我国建筑领域碳排放的总量约占全社会总量的52%，这里包含三个部分，一是材料生产环节，碳排放占比约28%；二是建造环节，碳排放占比约2%；三是运营维护环节，碳排放占比约22%。随着人民群众对美好生活向往的不断提高，建筑在使用阶段的碳排放占比还在不断上升。江苏作为经济先发地区，据测算，在碳达峰前碳排放的增长量中，有40%来自于建筑，建筑领域推动绿色低碳转型势在必行。

2022年，根据党中央、国务院决策部署，省委、省政府印发了《关于推动城乡建设绿色发展的实施意见》，提出江苏推动城乡建设绿色发展的7个具体举措，可总结为"四绿二美一提升"。关于"四绿"，一是推动区域和城市群的绿色发展，二是建设绿色低碳居住社区，三是建设高品质绿色建筑，四是提升基础设施绿色化智慧化水平；关于"二美"，一是美丽宜居城市，二是美丽田园乡村；"一提升"指的是提升城乡建设的规范化现代化治理能力和水平。《关于推动城乡建设绿色发展的实施意见》也提出了五个方面的举措。第一个就与今天活动的主题密切相关，要倡导绿色设计，二是提升建筑品质，三是降低建筑能耗，四是推进绿色建造，五是加强绿色运行管理，从五个方面，也即从建筑的全生命周期来推动绿色建筑高质量发展。

去年以来，省住房和城乡建设厅根据省委、省政府推动碳达峰碳中和的要求，结合江苏实际，联合省发展改革委印发了《江苏省城乡建设领域碳达峰实施方案》。明确2030年前，江苏省城乡建设领域碳排放达到峰值的目标，从"推动绿色低碳城市建设、打造绿色低碳社区、推广绿色低碳建筑、建设绿色低碳县城和乡村"等四个方面提出了具体的实施要求。比如，"到2025年，城镇新建建筑按照超低能耗建筑标准设计建造、城市建成区绿化覆盖率保持在40%以上"，我们既要控制碳排放，也要通过绿化等方式实现碳汇和固碳。"力争2030年底前完成城市非节能公共建筑绿色化改造"，就是要对存量建筑进行绿色化改造，这个任务也是非常艰巨的。

这次"名家话绿建"活动在启迪设计新大楼施工现场举办，很好地呼应了主题。项目在方案设计阶段曾获得江苏省高品质绿色建筑示范项目评审专家们的高度评价，我对此印象深刻。在推动绿色建筑高品质发展的过程中，我省涌现了不少像启迪设计集团这样有社会担当的企业。新大楼的独特之处就在于它的建设单位、设计单位和使用单位都是启迪设计集团，期待新大楼尽快地使用起来，并在运行后加强能源监管，通过真实的监测数据来验证当初的设计是否科学合理有效。启迪设计集团正在使用的办公地——星海街9号是我省第一个既有建筑绿色化改造后获得三星级绿色建筑运行标识的项目，也是江苏推动既有建筑绿色化改造的先行探索。希望启迪设计集团这一个新建项目和一个改造项目，能够共同成为江苏绿色建筑高质量发展的窗口，示范带动全省乃至国内绿色建筑高质量发展。

张跃峰（主持人）：当下我们身处的启迪设计集团新大厦工地现场，就是绿色设计、绿色建造的典型代表。查大师，刚刚我们在参观的过程中，已经直观地感受了建筑在绿色设计与建造方面的种种巧思，请您系统介绍下那些"藏"在背后的绿色设计火花和亮点。

查金荣

江苏省设计大师
启迪设计集团股份有限公司董事长、首席总建筑师

"名家话绿建"来到启迪设计大厦的施工现场。我们非常荣幸，借此机会，我简要介绍下我们的新大楼。大厦位于苏州工业园区主轴线，与东方之门形成城市地标景观轴线，北临中央河，西、南两侧为金融办公建筑。东、南两侧毗邻城市道路，交通便捷。为获得最佳的轴线景观效果，在空间布局上，主楼尽量北移，这样，大厦的许多公共空间可以有更好的观景视野。大楼西南角可以眺望独墅湖和金鸡湖，西北角可看到中央河、东方之门，东北角可远望白塘植物园。由于建筑周边景致丰富，为了让建筑的室内外视野更丰富，通过建筑的形体扭转，形成了由7个盒子组成的建筑形体，每隔4层设置一个空中观景环廊。建筑地上23层，地下3层，最高点120米左右，总建筑面积为7.8万平方米。

为体现地域特征，我们把苏州传统文化理念植入设计，体现苏州情结和文化传承。比如，我们将苏州的院落与园林融入到建筑空间设计中。我们现在的办公楼由单层厂房改建而成，改建时，我们在单层厂房中间建造了两个庭院，形成一个院落式建筑，在周边加上一圈游廊，与外部的园林景观结合起来。

首先，在新大楼，我们延续了这个理念，将院落放置在裙房和主楼之间，形成了地面上的院落；建筑中垂直向上的7个盒子对应了苏州古典民宅的七进院落，在垂直方向上用现代手法演绎了苏州院落的气质。7个盒子之间的观景游廊，将整个城市景观作为我们大楼园林的一部分。这是苏州特色——院落与园林在大楼中的体现。其次，我们设计建造了一个仰视的江南府邸，错栋转角的组合仿佛是苏州民居的"人字墙"和"坡屋顶"，展现出错落的屋顶组合。再次，是空中环廊设计，我们把苏州园林中的游廊功能在100米的高度上来展现，在空中游廊行走时，可能看到"移步换景"的城市景观，同时提供了员工休憩、放松的平台。最后，在建筑内部，也能看到许多苏州元素。接待大厅设计，我们借鉴了苏州园林中的曲桥和拙

｜ 启迪设计大厦与城市景观轴线效果图

政园中的荷风四面亭。曲桥是完全悬空的钢结构桥，通过结构的精心设计实现了六折的造型效果。

新大楼建设中，我们以"绿色健康智慧融合"为目标，建设一栋具有地域特色和时代特征，能代表行业水准的高品质示范项目。目前，大楼已获得三星级绿色建筑设计标识证书和健康建筑设计标识证书。设计中，我们把运动和健康生态有机结合，设计了许多运动空间，比如可通过光伏板发电满足夜间照明的篮球场、300米健身跑道、羽毛球场等。

在通风方面，通过建筑微环境研究，结合平面使用及消防疏散功能需要，打通东西通风廊道，通过系统设计合理解决室内通风需求。在开窗方式上，通过电动+手动的模式，将电动排烟窗与智慧化楼宇新风系统控制联动，智慧化控制整层新风换气，以此达到更好的室内空气新鲜度。我们还实现了BIPV光伏板一体化，在大楼顶部平铺光伏板，形成屋顶架空梁架与光伏一体化设计，发电效率大大提升的同时实现了遮阳的功能需求。

在结构设计方面，我们有幸与刘加平院士团队合作，完成了高性能材料与结构融合创新技术研究与应用。通过"材料—结构—环境"综合分析，建立多因素耦合机制与分析模型，实现了地下室超长墙体、屋面混凝土高温浇筑不开裂的自防水，从根本上解决混凝土收缩开裂渗漏问题，圆满实现了预定目标。

在结构体系优化方面，大家刚才在现场应该看到了，在混凝土梁上开设多个设备孔，所有管线均穿梁通过，有效节约了建造材料，还提高了建筑的利用效率。通过"现代结构材料+先进结构技术+创新结构手法"，用现代钢结构材料、受力合理的空间结构体系、创新高效的构件截面形式，完美地营造出古典意境美的现代楼梯，实现对传统文化的传承和创新。土建工程完成后，根据现场统计，结构主要用材指标与2012年行业统计同类公共建筑结构主要用材指标相比，节约混凝土3650立方米，钢筋700吨。

项目建设过程中，全过程工程咨询与建筑师负责制同步进行，集投资、建设、设计、工程管理、运营五位一体。项目进展到目前整体相对顺利，在启迪设计70周年之际，新大楼将正式投入使用，欢迎大家来参观指导。

| 错栋设计形成7个block

| 苏州元素在大楼设计中的体现

六折曲桥与"荷风四面亭"

BIPV 光伏板一体化

| 更优的结构体系

张跃峰（主持人）：我国"十四五"规划中，明确提出"加快数字化发展"的具体目标，建筑数字化发展迎来时代发展契机，成为驱动建筑产业转型升级的重要力量。中亿丰在建筑领域数字化转型方面一直在作积极探索，想请李总为大家具体介绍下，数字建筑、智能建造给建筑产业带来哪些影响？

李国建

苏州市产业技术研究院融合基建技术研究所所长
中亿丰控股集团有限公司总工程师

启迪设计大厦项目在施工过程中，存在较多困难与挑战。我们把这个项目作为一种探索和尝试。目前，江苏正在积极推进智能建造，中亿丰控股集团有限公司在启迪设计大厦项目，以及苏州的一些其他项目上，对智能建造进行积极探索，总结了一些探索经验。下面从三大场景与大家讨论交流。

第一个是价值场景。智能建造是为了实现人、建筑与环境的和谐共生。在这里分享两个方面的问题，一是数字驱动，现在的建造数据非常多，包括空间数据等，最终怎样承载在我们的产业互联网平台上，这是需要思考的第一个问题。二是以人为本，现在大部分建筑建造还是以劳动密集型、粗放式发展为特征。苏州市入选智能建造试点城市以来，各方做了大量推进工作，但智能建造项目的观摩不应该仅是各式各样的机器人秀，更应强调场景价值导向（危、繁、脏、重），直面行业特点，强调以人为本，为建筑工人减轻工作量，这是需要我们去思考的。

第二个是产业场景。我们希望打造一个建筑行业基于数据驱动的产业互联网，在产业互联网的平台上，一是从设计端开始一直到工厂，所有的BIM到MES到APS数据的共享互通。在建筑建造空间里，我们所看到的每一个构件、产品都有工厂的基本数据，以供设计建造决策使用。二是智慧施工。施工现场BIM系统加载的OG互联网数据，包括塔吊、施工机械等整个施工过程中的数据，最后在项目上交付的是一个BIM数据资产，包括智能制造、装备等内容，这是构成了整个智能建造的产业场景。在类似启迪设计大厦这样金字塔尖的项目上，我们也在探索未来

| 建设中的启迪设计大厦

交付给业主的是一个怎样的数据平台。

第三个是技术场景。丁烈云院士提出观点：一软一网一硬一平台。由建筑产业互联网平台做支撑的软件、工程物联网、智能装备，在启迪设计大厦这个项目上已经有了大幅度的提升。每个单点技术乃至整个技术场景都需要多方的协同和发力。

总结而言，启迪设计大厦在精细化控碳方面，主要体现在以下四点：一是源头减碳。这个项目从基坑维护的方案开始，其实就从源头上大大节约了混凝土。包括整个大楼结构设计的优化、高性能混凝土楼面的设计、施工工艺的把控和配合，从各个细节做到了源头减碳。二是再生负碳。启迪设计大厦完成了再生负碳功能与建筑功能的完美匹配与融合，完成了建筑太阳能设计的一体化。三是过程控碳。空调末端智能优化控制、照明系统智能控制和冷热站高效自动运行，这些系统都经过了反复推敲，真正实现在建筑全生命周期中高效运维、减碳控碳。四是数字配碳，未来我们建筑终端都会成为一个能源的终端。我认为，从这个项目中总结出的这四个要点，对于未来绿色设计建造、运营维护是非常有意义的。

张跃峰（主持人）：张大师，您多年来扎根于绿色建筑设计实践，请您结合相关经验，分享一下关于绿色建筑设计实践与思考。

张应鹏

江苏省设计大师
九城都市建筑设计有限公司总建筑师
国际绿色建筑联盟技术委员会专家

我从三个案例出发，阐述下对"绿色设计与建造"的理解。苏州沧浪新城规划展示馆位于姑苏区宝带西路与友新路交叉口。项目土地性质为公园用地，规划展示馆原建设定位是临时建筑，承担建设过程的规划和相关展示的阶段性角色，项目完成后拆除，回归为公园的一部分。我的思考是，"临时建筑"的寿命周期是多久？既定任务完成后，建筑存在的可能

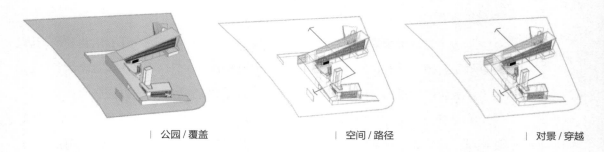

| 公园 / 覆盖 | 空间 / 路径 | 对景 / 穿越 |

| 苏州沧浪新城规划展示馆

性？因此，在和甲方及管理部门充分沟通后，在满足规划展示等相关需求基础上，在功能上增加公园的相关公共功能和属性；在设计策略上，通过地景屋面和底层架空，使建筑根植于环境；"U"形布局派生出南侧的入口广场与北侧的公园；清水混凝土材质消解了建筑和西侧高架道路在色彩和尺度上的冲突。通过三种策略的巧妙运用，实现了"公园中的建筑"设计目标，使建筑由临时变为永久，成为与公园风貌协调的公园建筑，延长建筑使用寿命，实现了减少建筑垃圾和资源浪费，这正是绿色建筑发展的目标要求。

这个规划展示馆是苏州第一栋清水混凝土建筑，相比于其他建筑外立面材料，基本实现了免维护，模具经过处理后可循环使用。沧浪新城规划展示馆这一"临时建筑"已经落成17年，成为苏州人的城市记忆。

第二个案例是孙武、文征明纪念公园，项目是结合孙武与文征明两位先贤的墓室而设计建造的城市公园。在习惯认知中，纪念性建筑往往是封闭的。在公园设

| 孙武、文征明纪念公园

计中，我采取了围而不合的手法，少部分管理用房或展览空间是封闭的，大部分都是开放的公共绿地或广场。孙武墓南端起于开阔的祭祀广场，是每年纪念大典时的重要的祭祀场所，平时，它和北侧的绿化广场是市民的日常活动场所。通过将建筑空间打开，使历史空间和人物走近平常生活，市民可以在休闲活动中，随时了解、研究两位先贤。

公园在设计中运用了大量具有苏州特色的亭、台、廊、院空间手法，但不是简单套用，而是揣摩借鉴传统院落设计的逻辑，将其幻化运用在空间围合、疏密变换以及局部透景、对景的设计中。当阳光洒下，留白的照壁成为树影最好的画布，自有东方写意的韵味。

第三个案例是绍兴上虞第一实验幼儿园。幼儿园位于公园中央，约占公园的一半。出于安全考虑，幼儿园需要围合，因为在公园，不能破坏环境和景观，因此，在幼儿园边界设计了6米宽的景观水，水深0.7米，水系外侧无护栏，内侧为幼儿园边界，临水护栏高1.3米，环绕水体与临水护栏一起，构成了幼儿园的安全

｜绍兴上虞第一实验幼儿园

| 绍兴上虞第一实验幼儿园

围合，同时，精心设计镂空变化的临水护栏，如此处理后，避免了传统意义上机械的"栅栏式"围墙，幼儿园与公园协调统一，公园成为幼儿园的延伸景观，也是园林的借景，小朋友的嬉戏与欢笑成为公园活泼动人的景色。

以上案例，我想表达的是，从一种社会学角度，理解绿色建筑与绿色生活方式以及健康城市环境的可能性。

张跃峰（主持人）：高大师，您一直主张追求清净、自然与平静的力量，以克制的手法，让环境、让风景去自然地诉说和表现。请您聊一聊对绿色设计的理解。

高庆辉

江苏省设计大师
东南大学建筑设计研究院有限公司执行总建筑师
国际绿色建筑联盟技术委员会专家

我长期从事建筑设计工作，我想通过几个案例，依托不同类型的建筑，和大家分享我对"绿色"的一些理解。

近几年，我带领团队参与了国内不少大型公共文化建筑与体育建筑的设计。此类建筑往往选址于城市中优质的自然山水景观地段，自然无法回避绿色设计这一命题。我理解的"绿色"并不局限于单体建筑，而是应该以一种绿色思维，从宏观视角出发，实现建筑、场地、文脉与城市之间的整体关联。

大型公共体育场馆往往面临投资大、占地大、耗能大以及运维难的问题。近年来，我们也一直在探索如何降低大型体育场馆的耗能及对城市的压迫，使之成为与历史和环境联系更为紧密的运动和健身场所。这就要求建筑师在设计前期，要主动寻找促进建筑节地、节能的策略，在建筑空间布局时，要考虑场馆的可变性与多样的适应性，实现不同功能的转换，为场馆后期运营留下多样化开拓使用的潜力，提升场馆的延伸使用价值，尽量避免改造和重新建设导致的浪费，减少资源消耗。

青岛市民健身中心位于青岛市胶州湾滨海区域，毗邻红岛会展中心、济青高铁红岛站等一批市级重大项目，项目作为山东省第24届运动会场馆。一期工程主要是6万座的体育场和1.5万座的体育馆。为实现土地集约利用最大化，在设计时，将体育场、体育馆及室外训练场三大核心功能区尽可能靠近，形成集约的布局方式，其余留作湿地公园；大体量场馆架空轻触于湿地，塑造二层观海平台；不做地下室，尽可能保护原有的生态湿地景观。体育场各系统平面采用最集约的圆形形式；剖面上，罩棚内、外檐口的马鞍形曲线，与环向座席视线升起的看台轮廓相适宜；体育馆中部压低的比赛大厅屋顶，既方便观众观看斗屏，又利于视线聚焦于场地，也可降低空调能耗。

| 青岛市民健身中心

项目自建成以来，多次承办国际赛事与综艺活动，其赛事用房及硬件设施等条件获得国家相关专业部门和组织的充分好评。

　　厦门新体育中心位于厦门翔安新区的滨海区，与厦门本岛隔海相望。项目设计时，尊重现有海湾岸线，根据需要进行必要的适度改造，把6万座的白鹭体育场、1.8万座的凤凰体育馆以及5000座的白海豚游泳馆沿海湾布置，同时把滨海的马拉松赛道、渔人风情街和旅游码头也系统纳入城市设计范畴，形成滨海活力带，方便运营。特别是体育场，通过移动看台设计，在国内首次实现了"足球—田径"双向转换的突破，实现了亚洲杯足球赛后转化为田径综合比赛继续使用的可能，同时体育馆也是国内目前可实现专业篮球与冰球场地快速转换的最大场馆之一。

　　除大型体育场馆，对文化场馆建设我也同大家进行一些分享。海门文化中心位于长江入海口，水天相接、景色宜人。项目包括剧院与图书馆，毗邻江海博物馆，这组文化建筑构成了城市的文化中心。为了区域空间和风貌协调，我们将拟建项目拆解成两栋建筑，以低密度、街区式、组团化的小肌理结构，在满足功能空间使用前提下，将图书馆和剧院的檐口和屋面高度与已建博物馆的檐口与屋面高度一致，形成与博物馆的院落尺度和场地环境相呼应、相得益彰的建筑群组，充分体现

| 厦门新体育中心

江海一体的海门地域文化。其中图书馆项目于2019年入选联合国开发计划署"中国公共建筑能效提升项目"示范项目。这是一组看似没有"形象""大隐隐于市"的房子，通过既分亦合的院子组织起来，从而尽可能地实现阅览空间的自然采光和通风，尽可能创造室内良好的环境舒适度。

九江市文化艺术中心秉承"山水一脉"的设计理念，主要包含1200座的大剧院、550座的多功能剧场、艺术培训楼及相关附属用房等。项目位于老城区和八里湖新区城市结构转换的节点空间，其西北方湖心岛上一座为纪念"98九江抗洪"胜利十周年，而于2008年修建的高达198米的胜利碑，成为整个新区的标志。因此，我们在设计时将大剧院与多功能剧场的大堂、休息厅布置在面向八里湖面的一侧，

| 九江市文化艺术中心

以最大限度享用湖景，并与艺术培训区拉开距离，形成三座相对独立的体量，相互之间自然成为两个开放的"城市通廊"，也同时是"城市风廊"；分别朝湖心岛胜利碑和老城区方向打开。在实现从庐山至长江、新区到老区的空间转换的同时，满足了自然通风及遮阳需求。

通过这些项目，我们不断研究与思考，如何尽可能增加建筑与自然环境交融的界面，让各部分能够相对更独立地运营，从而减少人工机械设备的使用而带来的能源消耗。

位于四川宜宾的翠屏山景区游客接待中心项目，我们采用可持续的钢木材料，通过兼容并蓄的经典圆形，抽象演绎景区深厚悠久的佛道文化。将接待中心、上山

| 翠屏山景区游客接待中心

| 南京南部新城大明路东侧居住社区中心

廊道与自然场地等建筑与景观元素一体化有机整合，在人、空间和风景三者之间建立起一种微妙相融的东方禅韵。将建筑压低、整体架空，以平缓、谦和的水平天际线形成"连接"两山的景观"廊桥"，实现对场地的最小破坏。架空的策略同时适应潮湿多雨的川南气候，促进并改善场地与建筑的自然通风，宽大的挑檐亦可以遮蔽夏季日晒和雨季暴雨。

南京南部新城大明路东侧居住社区中心方案，则以传承明风韵味的标准化钢木体系，塑造一处面向明故宫历史轴线的"绿厅家巷"，它有着低能耗的应对措施，又具有作为社区百姓之家应有的"温度"。

常州港华燃气调度服务中心为夏热冬冷地区办公建筑在可持续方面提供示范。项目以方正的体量适应基地，根据建筑内部空间能耗需求差异，合理组织用能空间，降低建筑能耗。把一般性能空间需求的房间布置在西侧，缓解冬季西北风和夏季西晒对室内的影响；南北侧布置办公等普通性能空间，朝向良好；花园中庭作为过渡空间，朝向东南，导入阳光和夏季主导风；置入边界可调节的花园边庭以及东南侧两个水池，利用水分蒸发提高空气湿度，降低温度。中庭、玻璃幕墙底部、花园边庭三个位置的开窗，在中庭内形成适应不同季节的三种模式。这些可调节界面将对风、光、热进行选择性引入和控制，以应对夏、春秋、冬三种不同能耗机制。项目内部同时保留了部分常州地域民居的色彩与材质韵味，通过设计过渡腔体，提升建筑的保温隔热性能。

因此，在我看来，绿色不仅仅是单纯的技术问题，可以上升至社会文化乃至伦理层面进行讨论，从本质而言也是古人"天人合一"概念在当代的体现。作为建筑师，我们应当尽可能地保持克制，某些时候可以适度"留白"，让环境、让风景去自然地诉说和表现。

常州港华燃气调度服务中心

张跃峰（主持人）：尹教授，您长期从事装配式钢结构的力学性能及结构体系研究，能否请您给大家介绍一下，目前土木工程在哪些方面的研究可以为绿色设计、绿色建造提供更加有力的支撑？

尹凌峰

东南大学教授

土木工程领域主要通过节省建筑用材、降低人力消耗、实现可重复利用三种方式推动绿色建筑发展。超高性能混凝土材料（UHPC）作为一种超高力学性能、强韧性、高耐久性的特种工程材料，聚合强度已接近钢材，具有优异的结构可靠性；超高延性水泥基复合材料（ECC）所具有的超高拉伸应变能力和裂缝宽度控制能力，使其在新建结构和维修应用方面都未来可期。目前，国内外不少学者正在探索UHPC材料应用于建筑主体结构中的可能性，在确保工程质量的前提下，降低结构自重，提升耐久性能，增强灾害抵御韧性。

我们课题组也针对下一代建筑用钢开展了系列研究。自2019年起，一大批国产车开展了2000MPa级别先进高强钢的产业化应用，以应对轻量化需求的提升。研究证明，先进高强钢材料的应用使汽车单个冲压件减重50%，同时能够满足相关要求。我们的初步研究发现，相比于常用的Q355B钢，同重量情况下，先进高强钢（AHSS）构件承载能力提升近200%，其在建筑领域的应用前景广阔。

当前，业内有一批优秀的科研人员，围绕高性能不锈钢、铝合金和木结构等材料开展应用探索，以期能够拓宽绿色建造未来之路。

基于新材料和新技术的发展，我们开展了建筑结构体系革新相关研究。从古代砖木结构建筑，到砖混结构，再到如今的可移动、可旋转、向日葵式绿色建筑，随着人们对美好生活的不断追求，建筑结构体系探索创新其实是一个永恒的话题。这要求科研人员能够充分应用当下新材料和新技术成果，探索轻质高强、装配化且智能化的新型结构体系，推进体系制造和建造的工业化。

　　这里我想举两个经典案例：一是门式刚架结构，这一结构于20世纪初被提出，但直到20世纪中期钢材产量大增，变截面H钢加工技术成熟，门式刚架才开始全球化应用，成为当下工业建筑的主要结构体系；二是空间网架结构，也是在20世纪70年代数控机床和有限元技术逐渐成熟后，才被迅速推广，成为公共建筑的结构体系之王。

C 型 钢 构 件（Q&P1180）
轴压试验

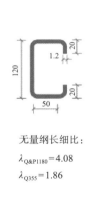

无量纲长细比：

$\lambda_{Q\&P1180} = 4.08$

$\lambda_{Q355} = 1.86$

构件截面参数

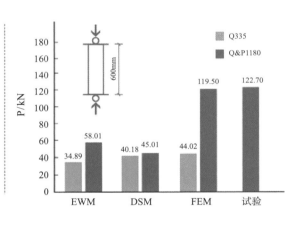

承载力对比

门式刚架

空间网架结构

东南大学潘金龙教授课题组尝试将超高延性水泥基复合材料（ECC）用于构建节点上，研发了三类装配式结构体系（装配式ECC/混凝土与组合框架结构体系、装配式扁柱钢管混凝土框架中心支撑体系、干式连接混合框架-剪力墙结构体系），提出了其拆分和装配方案及节点连接技术，获发明专利5项；我们课题组主要关注多肢组合梁柱钢框架结构体系的研究，搭建全工业化制造、全镀锌构件、全螺栓连接、全组合装配的轻质高强冷成型钢框架结构体系，获发明专利3项。

另外，我想强调的是建筑的工业化、智能化发展，要通过多源技术融合，打造绿色建筑的设计、建造和运维新链条。刚刚在李总的分享中，大家也对BIM技术有了更深入的了解，但目前，BIM技术并无可依照的通用标准，这需要研究人员打通其中关口，实现技术的标准化。通过通用的数字化模型、新体系（新构造）、互联网（物联网）、AI技术及工业化制造，打造产业全链条，大幅度降低人工成本，解决用工荒，提升全过程效率，带来建造方式的革新，打开运营维护的新天地。

张跃峰（主持人）：刘主席，您曾在设计单位工作多年，之后一直分管建设科技与设计工作，能否请您谈一谈，您对绿色设计的理解？

刘大威

江苏省人民政府参事室特聘专家
国际绿色建筑联盟执行主席
江苏省建筑与历史文化研究会会长

今天的话题是绿色设计与建造。"双碳"目标下的节能降耗、绿色低碳是当前社会的共同关注点，也是建设领域义不容辞的责任。省住房和城乡建设厅一直高度重视建设领域的绿色发展，刚才宏伟总工程师作了相关介绍，相信大家对江苏建设领域的有关工作有了更加清晰的了解。绿色发展，需要全行业、全社会的共同努力和推动。"名家话绿建"是省住房和城乡建设厅推动绿色建筑工作的一个平台，目的是传播绿色低碳发展理念，传播专家观点。截至2022年底，国际绿色建筑联盟联合省委宣传部、中国建筑学会、江苏城乡建设职业学院、常州市建筑科学研究院集团股份有限公司及省外事办等单位，分别围绕城乡建设绿色发展、绿色校园、建筑历史文化保护及木结构专题，已开展了4期"名家话绿建"活动。这次，我们把活动放在工程建设现场，大家可以更能直观感受设计的力量。绿色建筑需要从方方面面、点点滴滴着手，通过设计师的匠心设计、多专业的协同，适度的设施干预，使建筑在不同季节都能满足使用的舒适度。从参观过程和刚才查总的介绍，我们也切实感受到了设计师在绿色低碳方面的精心思考，以及做精品建筑的信心。

党的十九大提出创新、协调、绿色、开放、共享的新发展理念。2015年中央城市工作会议明确新的建筑方针：适用、经济、绿色、美观。国家《绿色建筑评价标准》中绿色建筑的定义是，在全寿命期内，节约资源、保护环境、减少污染，为人们提供健康、适用、高效的使用空间，最大限度地实现人与自然和谐共生的高质量建筑。崔愷院士曾说，无论是新建还是改造，不管是城市还是乡村，设计的目标，首先应是绿色、低碳、节能的。借这个平台，围绕对话主题，我想作几点交流。

一是需要进一步提高认识。在前不久结束的全国人民代表大会上，习近平总书记在参加江苏团审议时，强调指出，高质量发展是全面建设社会主义现代化国家的首要任务，必须完整准确全面贯彻新发展理念，始终以创新、协调、绿色、开放、共享的内在统一，把握未来，衡量发展，推动发展；4月4日，习近平总书记在参加首都义务植树活动时强调，当前和今后一个时期，绿色发展是我国发展的重大战略；4月6日，《人民日报》发布评论员文章《积极稳妥推进碳达峰碳中和》，从三个方面解析绿色之道。国家关于绿色低碳的持续高强度推动，彰显了国家对绿色低碳的高度重视和大国担当。应对气候变化、守护人类家园是人类社会面临的共同挑战。自工业革命以来，人类物质活动规模加速膨胀，人类对环境的影响已拓展到地球尺度，引起了全球性的环境危机，温室效应、气候异常、冰川融化、土地沙漠化、物种规模急剧下降等，共同应对气候变化已成为共识，国际社会也一直进行持续的努力。联合国环境规划署和世界气象组织先后发布了《为了人类当代和后代保护地球气候》《联合国气候变化框架公约》《京都议定书》和《巴黎协定》。我国一直高度重视应对气候变化工作，是《联合国气候变化框架公约》最早的10个缔约国，一直坚定不移走生态优先、绿色发展之路，是全球生态文明建设的重要参与者、贡献者、引领者。

二是充分认识建设领域绿色低碳的紧迫性和重要性。4月7日，中法发布联合声明，其45条是：两国认识到建筑行业在温室气体排放中所占的重要比重，提出加强研究与合作，推进建筑节能降碳，推动城市可持续发展。我国建筑全过程碳排放约占总量的52%，约占全球碳排放的30%，人均碳排放强度高于全球平均水平，高于欧美发达国家。资料显示，碳排放和人口、建筑面积同步增长，当前，我国城镇化率为65%，江苏城镇化率74.4%，相比于发达国家，江苏还将有10个百分点的增长，碳排放也将持续增长，江苏是经济大省，城乡建设领域在绿色低碳发展上更应走在前列。

三是我对绿色建筑的理解。我国绿色建筑的发展是个过程，从建筑节能到绿色建筑，从技术主导到设计主导，从措施导向到性能导向，从节能优先到绿色优先，发展和认识一直在路上。随着人们对美好生活追求的日益增长，绿色建筑的要求也不断提高，在满足使用功能基础上，要舒适度、愉悦和健康，这要求设计师能够始终关注建筑中的"人"，不断满足使用者对美好生活的向往。业主在建筑节能降碳方面也承担重要角色，业主往往提出标志性建筑的设计目标，实际上，城市需要"一种和谐的关系"，就像是一个合唱团，领唱需要群体的配合，形成通过齐唱、轮唱和重唱形成合唱效果。同样，每个建筑在城市都会有其定位，这要求建筑师能对场地进行解读，研判建筑与环境的关系，让建筑和环境协调统一，给人带来视觉和精神的享受。

绿色建筑不仅局限于单体建筑，首先应从城市层面考虑，优化城市结构和空间布局，引导土地开发集约利用，在街区和住区层面要完善功能，优化交通，关注空间，注重风貌；在建筑层满足使用功能前提下，通过精心设计，形成建筑与自然的良性关系，让建筑环境健康、舒适、安全、愉悦，尽可能减少相关设备设施干预，降低资源和能源消耗。

绿色建筑是建设领域实现绿色低碳发展的重要途径，绿色低碳设计建造，"双碳"目标的实现，需要全社会的共同努力，谢谢大家！

时间：2023 年 10 月 10 日
地点：江苏南京

主办单位：
江苏省住房和城乡建设厅
国际绿色建筑联盟

承办单位：
江苏省住房和城乡建设厅科技发展中心
江苏省建筑科学研究院有限公司

支持单位：
中国建筑学会
江苏省绿色建筑协会
江苏省建筑与历史文化研究会

06

主持人
刘大威

江苏省人民政府参事室特聘专家
国际绿色建筑联盟执行主席
江苏省建筑与历史文化研究会会长

　　据统计，2020年全国建筑全过程碳排放总量为50.8亿吨，其中建筑运行阶段碳排放量为21.6亿吨，占全国碳排放比重高达21.7%，徐伟大师，您长期从事建筑可再生能源相关研究，主编的《零碳建筑技术标准》即将发布，能不能请您围绕相关实践，深入分享建筑"减碳"的相关思考？

徐　伟

全国工程勘察设计大师
中国建筑科学研究院有限公司总工程师、建筑环境与能源研究院院长

　　发展零碳建筑是一项全局性的工作。1992年6月，联合国政府间谈判委员会就气候变化问题签署了《联合国气候变化框架公约》，这是第一个为应对全球气候变化签订的国际公约，以应对全球气候变暖给人类经济和社会带来的不利影响。彼时，该公约并未引发社会层面的广泛关注，大家对温室气体危害性以及减排紧迫性的认知也比较乐观。随后的30年中，人们的认知发生较大改变，随着《京都议定书》《哥本哈根气候协议》等相关公约的签订，大家对气候变化的关注度逐渐上升。2016年，《巴黎协定》的签订，明确了全球低碳转型方向，标志着全球应对气候变化进入新阶段。2020年，习近平主席在第75届联合国大会一般性辩论上发表重要讲话，提出"碳达峰、碳中和"目标，节能降碳成为全社会广泛讨论和关注的话题。应对气候变化已成为全球共识，也必然成为未来各国竞争的一个重要领域。

　　今年10月1日起，欧盟正式实施欧盟碳边境调节机制（CBAM），拉平进口产品与欧盟产品的碳成本。国际社会这一趋势，对中国等强出口国而言，影响限制十分明显。全球范围内，建筑领域运行碳排放占总排量的37%，远超我国的21.7%。当前，我国城镇化经过高速发展进程，逐步进入平稳阶段，随着居民生活水平的提高，建筑领域碳排放仍将持续上升。如何有效遏制碳排放增长趋势，顺利实现2030年前达峰的目标，难度很大。距离"双碳"目标的提出已三年有余，节能降碳意识与认知确实得到了广泛普及，相关计划也一直在筹备，但真正落地开展的工作仍不全面，发展也不平衡。

当前，新能源发展方兴未艾，就建筑领域而言，我们已经做好迎接挑战的准备，但仍未有余力为节能降碳作出贡献。发展零碳建筑是实现建筑业碳减排的有力举措，多年来相关工作的开展，已经为其打下了良好的基础。2022年全国节能宣传周主题确定为"绿色低碳，节能先行"，鲜明表达出节能、绿色、低碳三者间的紧密关系。我国从20世纪80年代起推动节能发展；2000年前后，国家提出建设"节能省地型住宅"，全国性的建筑节能工作就此展开。2005年，国家六部委联合召开首届"绿色建筑大会"，提出"中国的建筑节能应该迈向国际通用的绿色建筑"。自此之后，绿色建筑飞速发展。

今天，在新的历史考验下，如何减碳、如何实现碳达峰碳中和，面临新的问题，我们惯用的制度措施、推广模式及技术支撑，在新发展目标下，哪些是值得继承的，需要我们仔细辨别思考。科技创新是未来全社会减碳最主要的支撑力量。技术创新是无止境的，也将直接影响未来40年的根本变化。我们现在筹谋的减碳路径，仅仅依托于当前已知的技术状态。一旦实现爆发式技术革新，减碳技术也将得到根本性改变。个人认为，"双碳"目标的提出，也是倒逼能源革命、促使技术创新的手段之一。

零碳建筑的发展是城乡建设领域碳达峰碳中和的先锋。零碳建筑是分目标、分阶段实现的，就目前国内新建建筑而言，通过持续的努力，实现近零碳是具有可行性和操作性。未来十年，低碳必然会成为常态化，甚至是强制性的目标；第二个十年，争取实现近零碳目标，为未来能源革命、技术创新所带来的冲击打下足够坚实的基础，从而实现零碳。据统计，建筑全过程碳排放占全社会50%左右，想要实现零碳社会，建筑依旧是重要载体。因此，发展零碳建筑，是未来城乡建设实现碳中和的必由之路。

刘大威（主持人）：谢谢徐伟大师的精彩分享。徐伟大师系统介绍了国内国际绿色低碳发展背景和现状。发达国家、发展中国家与欠发达国家对绿色低碳的诉求各不相同，但通过减碳应对气候变化的目标是一致坚定的。在座的建筑业同仁，也都一直投身相关工作，逐步积累，不断完善，以弥补我们与发达国家之间存在的差距。中国建筑集团有限公司（以下简称中建集团）在行业发展过程中，开展了大量引领性的研究实践，李丛笑副主任作为"双碳"领导小组办公室的负责人，请您就相关工作和大家进行分享。

李丛笑

中建集团"双碳"领导小组办公室副主任

中建集团在推进碳达峰碳中和相关工作方面开展了一系列探索，大概分为以下几个方面。

开展"双碳"策略研究。我国建筑企业"双碳"研究多集中在技术层面，局部方案多，鲜有战略与管理层面的研究成果，各建筑企业大多处于被动应战的状态。为应对这一问题，自2021年开始，中建集团设立专项课题，深入进行"双碳"策略研究，相关成果经整理出版为著作《建筑企业"双碳"之路》，阐释了碳达峰碳中和对建筑业的深远影响和重要意义，在对国内外建筑业"双碳"领域的政策、标准和技术作比较分析基础上，剖析了我国碳达峰碳中和面临的挑战，为建筑企业指出了碳达峰碳中和参考工作思路和实施路径。

开展"双碳"顶层设计。编制发布《中国建筑碳达峰行动方案》，完善工作机制，分解责任目标，充分调动各类资源要素，确保各项任务如期高质量推进。设定总体目标，主要围绕推动引领行业、转型升级产业、打造世界一流企业三方面开展。明确阶段性战略，"2025年前主营业务减碳成效显著""2030年前企业低碳转型基本完成""2060年前争取提前实现碳中和"。依托阶段性目标，确定了包括强化绿色发展顶层设计、开展节能降碳增效行动、加强低碳建设投资运营、提升绿色勘察设计水平、推进绿色建造方式变革、加大低碳业务转型力度、加快绿色低碳科技创新、布局绿色金融与碳交易、打造建筑领域碳圈生态九方面重点任务。明确了"双碳"组织架构，切实加强节能降碳工作有力落地。发布了"中建集团碳达峰行动之'个十百千万'工程"作为行动抓手，实现企业、项目、员工及生态圈全方位布局，助推实现建筑领域碳达峰碳中和。

明确了具体推进策略，从战略举措、生产管理、科技创新、组织变革四个维度进行规划。同时，针对勘察设计、房屋建筑、地产开发、基础设施、投资业务、海外业务版块提出实现碳达峰碳中和的针对性推进策略。其中：勘察设计版块，采用低碳结构体系，加强设备优化，优选适用的绿色低碳技术，实现源头减碳；房屋建筑版块，主动开展绿色采购、绿色建造工作，提升管理方式，降低施工过程中的能耗；地产开发版块，创新绿色低碳应用场景，带动上下游共同节能降碳。用好用足绿色金融，探索碳交易路径；基础设施版块，聚焦于开发新型基础设施的实践探索，力争实现基础设施储能供能；投资业务版块，积极与金融机构开展绿色金融合作，通过绿色金融手段将更多资金引导流向集团的新兴绿色产业；海外业务版块，致力于实现国内外双联通，推动中国绿色发展模式走出去，同时引进海外先进的绿色低碳技术和可持续发展模式，构建全球性的绿色低碳产业链和供应链。

提出了新赛道/产业探索方向。碳达峰碳中和将重构建筑业，随着持续推进，将催生一批新领域新产业，带来了广阔的发展机遇，通过内部孵化和外部合作、企业并购等多种形式，支撑绿色创新，向新产业、新业态、新商业模式倾斜，主要围绕新能源、智慧城市、生态环保、零碳智慧产业园、绿色建材及绿色低碳智库六方面发展创新业务，形成新的增长点。

　　实现碳达峰碳中和，绝不是就碳论碳的事，而是多重目标、多重约束的经济社会系统性变革。于建筑企业而言，既不能操之过急，也不能行动迟缓。需要处理好降碳与发展、短期与长远、整体与局部、国内与国际、研究与实践、产业与市场等多方面多维度关系。

■ 上海临港"顶尖科学家社区"

　　项目是中国南方最大规模的近零能耗建筑社区，每年节约能耗约24kWh/m²，荣获美国缪斯设计金奖、日本国际先锋设计奖等全球顶级荣誉，多项原创技术成果获国家实用新型专利。

| 上海临港"顶尖科学家社区"

■ 呼和浩特河山大观

　　中国严寒地区规模最大的近零能耗社区，通过自然采光、太阳能辐射等各种被动式节能措施与建筑外围护结构保温隔热节能技术相结合，在显著提高室内环境舒适度的同时，大幅度降低建筑能耗。

| 呼和浩特河山大观

■ 南京一中江北校区

　　项目采用全装配式设计，预制装配率超过60％；光伏空调、光热＋空气源热水、建筑光伏一体化等太阳能综合技术应用；教学楼设计了屋顶花园和屋顶农业，并采用智能化浇灌系统。

| 南京一中江北校区

■ 中建集团西南设计总部

　　根据对大楼近三年运行能耗数据、碳排放强度的研究分析，通过供暖机组燃气能源替代、外围护结构节能改造、空间品质提升等措施，对建筑进行节能减碳以及空间品质提升改造，改造后为近零能耗建筑。

| 中建集团西南设计总部

■ 香港有机资源回收中心第二期项目

　　项目是香港最大的厨余垃圾转化为可再生能源和肥料处理中心，主要包括垃圾回收及预处理，厌氧消化处理，沼气发电、热电联产系统等，曾荣获联合国工业发展组织 Global Call 2022 全球冠军奖等。

| 香港有机资源回收中心第二期项目

刘大威（主持人）：李副主任对中建集团在绿色低碳方面开展的相关工作进行了系统的分享。绿色低碳的源头是设计，设计师应当意识到自身所承担的社会责任。中国建筑学会成立于1953年，一直致力于促进建筑创作繁荣与科技进步，在国内国际影响力巨大。"名家话绿建"活动自开展以来，得到了中国建筑学会的大力支持。李存东大师，您一直主张"心象自然"的创作理念，追求以"自然为本"的设计，体现了人们对自然的本能向往，能否请您结合相关实践，为大家介绍一下？

李存东

全国工程勘察设计大师
中国建筑标准设计研究院有限公司党委书记、董事长
中国建筑学会秘书长
国际绿色建筑联盟咨询委员会专家

在建筑业面临着新挑战的情况下，设计应起到引领和带动的作用。今天我想和大家简单分享一下"心象自然"的设计理念。园林景观中有两个非常重要的对象：人和自然。在设计过程中，一方面要考虑人与自然的关系，一方面需要考虑设计师内心创意表达和外部客观环境要求的平衡关系。"心象自然"设计理念的提出，实际上是两个方面的结合，"心象"是主观的、内在的，"自然"是客观的、外在的。在功能性要求相对高的地方，会更多地表达设计创意、艺术理念和设计想法，内心的主观意向就会更多。然而，如果场地中自然因素更为突出，场地生态要求较高时，最终呈现的自然、客观环境的呈现就会更多。另外，如果将"象"字视为一个动词，"心象自然"就可以被拆解为一个创作方法。在创作中，首先要理解自然，然后将其内化于心，再由心外化于设计，对自然进行二次创作。因此，我们提出了"象为自然，与心相应"的创作方法。

所以，"心象自然"可以从四个维度去理解，一是态度：人是自然的一部分，以人为本，更要以自然为本；二是观念：景观设计就是不断平衡人和自然、主观与客观的关系；三是方法：将自然内化于心，再由心外化于景观；最后，"心象自

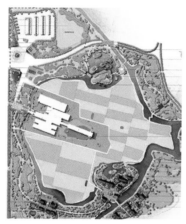

无锡鸿山遗址公园项目周边自然环境

然"是一种追求，展现与自然相通的内心世界，"象为自然，与心相应"。

接下来我想通过一些实践案例来和大家分享。无锡鸿山遗址公园项目，周边的自然环境很好，我们在梳理原有农田肌理和周边水系时，更希望表达一种非常原生的状态，最后以一种田园的风貌来呼应遗址公园的氛围。

鸟巢周边的景观设计除了体育场最重要的集散功能外，我们还强调了对自然的尊重，对场地原有树木的尊重。原有规划条件中场地内的树木是可以全部移除

鸟巢景观设计项目

的，但是我们到现场踏勘，发现现状的树很重要，它们不是古树名木，但是这里的"原住民"，是对自然历史的一种见证，所以我们提出要把它们保留下来。设计中增加了很大的难度，逐一标记，多专业协调，最终才将这些树木保存下来，至今仍然发挥着很好的环境效益，真正体现了"绿色奥运"的精神。而这些保留下来的树也与建设后的广场、绿地融合，形成了非常舒适宜人的城市空间。

布达拉宫周边景观整治时，考虑布达拉宫在中国乃至世界古代建筑史上都占有极重要的地位，是藏传佛教的圣地，每年至此的朝圣者及游客不计其数。如此神圣的文化遗产却有着不相称的遗产环境。布达拉宫周边挤满了体量过大、布局呆板的现代建筑，其东、北、西三侧道路边布满了"一层皮"式的3层沿街商业建筑，这些建筑将红山及布达拉宫包围得密不透风，环境问题异常突出。在布达拉宫北侧山脚下，当年达赖五世取土建宫时留下龙王潭，后围绕它形成宗角禄康公园。因被周边商店所围，缺少维护而逐渐荒废，少有人来。

我们通过规划设计，对布达拉宫周边环境景观进行重新整治，拆掉周边不适宜的商业建筑，打开布达拉宫周边的视线；拆除围墙和摊位，使布达拉宫周边成

｜ 布达拉宫周边景观整治项目

为一个开放的城市空间。有了"拆"自然就要"保"，要保护好现状的文物建筑、成片的树林、已有的水面以及拉萨市民的生活习惯；在此基础上再采用"梳"的策略，就是要梳理"拆"与"保"之后的整体环境，梳理场地的特征并植入相应的功能，包括格桑花广场、甜茶馆、游船码头、健身器械等，满足市民的活动需求，还给市民一个自然轻松的城市客厅。整治过程中，我们坚持"轻介入"的设计理念，呼应自然、尊重自然、保护自然，给世界文化遗产打造了一个适宜的背景环境，也给市民一个舒适的室外空间。

中国南宁国际园林博览会园博园的规划设计凭借山、水、林、田、湖、草，得天独厚的自然环境、丰富多彩的民族文化和面向东盟的区位优势，以"生态宜居，园林圆梦"为主题，按照"特色南宁铸就不一样的园博园"的规划目标，在充分尊重现状地形地貌、山形水系的基础上，本着"不推山、不填湖、不砍树"的理念，保留现状的18个小山丘以及山丘上的原生植被，保护现状水体水系以及原有的坑塘，规划后的水体面积约55.6公顷，占园区面积22.14%。对场地内30多个树种，约2500棵乔木进行就地保护，营造生态自然、花果丰富的亚热带壮乡植物景

中国南宁国际园林博览会园博园

观。场地内多处废弃的采石场得以保留，保存历史记忆，对现状崖壁进行安全处理和生态修复，以轻介入的方式增加参观体验。因西侧八尺江防洪堤级的需要，场地内要建设防洪堤，设计中尽量结合现状地形，顺山势而设，对堤岸进行放坡和绿化处理，使防洪堤融入自然环境，成为景观的一部分。通过以上措施，这不仅实现了生态保护的现实需求，也为游客提供了一个多重体验的休闲场所。

2022冬奥崇礼主城区空间品质提升项目在景观方面进行绿色创新技术探索。首先是水下太阳能光伏系统，冬奥会期间，崇礼地区温度较低，水体都会结冰，影响景观效果。为了实现"不结冰"目标，水下太阳能光伏系统成为我们的解决方案。我们进行了包括密闭性循环等在内的大量实验研究，最终成功实现水下太阳能光伏系统的建设。夏季小朋友可以在这里安全地玩耍，而冬季则可以作为当地的一个活力中心。这种创新的能源利用方式不仅能够提供电力，还能够改善景观效果，为人们的生活带来更多的乐趣和便利。

| 2022冬奥崇礼主城区空间品质提升项目

另外，我们也尝试了3D打印技术，快速、精确地构建出复杂的建筑结构和景观元素。3D打印的5个环形拱门在崇礼庆典广场上创造出了一个独特的空间感和视觉效果。广场成为马拉松和其他体育赛事的起点，为城市增添了标志性的景观。我们使用ASA可回收材料进行3D打印，更为经济环保。

我们还采用了最小干预遗址展示照明技术，通过照明装置对长城原有形制进行灯光模拟复原，在奥运场馆周边的复杂光照环境下点亮长城轮廓，形成白天形态消隐，夜间发光的效果。设计采取点光源铺设、龙骨灯网的方式，考虑各照明主体及周边环境的亮度梯度，分段控制照明强度，取得既可突出长城遗存、又符合节能环保原则的效果。

| 3D 打印的环形拱门

| 灯光模拟复原的长城原有形制

    刘大威（主持人）：李存东大师通过轻介入、少扰动的设计理念，实现当代社会人与自然的对话交融。认识是螺旋式发展的，20世纪80年代有首歌《夜色阑珊》，歌中唱到"深圳的夜色绚丽明亮，快快地飞跑我的车儿，穿过大街小巷灯光海洋。"体现了人们对城市繁荣的向往；还有首歌《鹿港小镇》，激荡的旋律，嘶哑歌声唱出了歌者心底的声音"台北不是我的家，我的家乡没有霓虹灯"；90年代郑智化在《水手》唱道："都市的柏油路太硬踩不出足迹，骄傲无知的现代人不知道珍惜，那一片被文明糟踏过的海洋和天地……"用歌声批判了粗放发展和对自然的破坏。三首歌体现了不同阶段的不同认识。2008年在江苏对口支援绵竹的建设中，绵竹广济镇的文化中心给我留下深刻印象，项目是由王建国院士设计的。文化中心在建设过程与场地一棵大树有冲突，为了保留大树，王老师特意修改了设计方案，增设庭院保

| 四川省绵竹市广济镇文化中心

留了大树，体现了对自然的尊重，也留下了历史记忆，体现了场所价值和建筑师天人合一的追求。目前，大树与庭院融为一体，仿佛建筑中生长出来的。

从规划到设计，绿色低碳前端思考确实是不能忽视的。恰如刚刚徐伟大师所讲，未来新建建筑通过技术手段实现低碳、零碳指日可待，那么城市内大量建成的既有建筑又应当如何应对高质量发展需求，既保留城市记忆，又实现低碳目标？李青大师在这方面开展大量实践，有请您进行分享。

李 青

江苏省设计大师
南京金宸建筑设计有限公司资深总建筑师
国际绿色建筑联盟咨询委员会专家

在过去的三十多年里，我们见证了大规模的拆除和重建，现在，越来越多的从业人员开始关注建筑的运营维护与改造更新，意识到建筑的全寿命周期呵护对于低碳发展的重要性。城市更新是从大拆大建向有机科学的方向转变。每一座既有建筑都有着独特的灵魂，它见证了城市的发展和变迁，值得被尊重和重塑。当下设计师引入了可持续建构的理念，使用环保材料进行维修，增强建筑的能源效率和环境适应性，让既有建筑与城市融为可持续共同体。

当谈及绿色建筑和低碳思考时，我们常常将目光聚焦在建筑的设计阶段，追求着绿色标识认证的荣誉。然而在现实中，我们却忽略了建筑的运营阶段，而这才是真正决定建筑低碳性能的关键。建筑节能减排不是"百米短跑"，更像"马拉松"，不能只看起跑速度，更要看长期加速度。

建筑的设计，无疑是低碳建筑的基础，它为我们提供了空间的创造性和落地的可能性，将环保理念融入建筑的每一个细节中。然而，设计的完美只是一个开始，真正的挑战在于建筑的运营，它才是低碳建筑的核心，而不仅仅是绿色的设计。

在建筑的运营阶段，需要持续关注建筑的能源消耗和排放情况，应思考如何最大限度地利用可再生能源，减少对传统能源的依赖。优化建筑的能源系统，提高能源利用效率，降低能源浪费。采用先进的技术手段，监测和控制建筑的能源消耗，及时发现和解决问题。除了能源消耗，建筑的运营还涉及水资源的合理利用和废弃物的处理。可以通过雨水回收系统，减少对经过处理后的自来水的需求，并逐步建立科学的废物分类和处理系统，最大限度地减少废物的产生和对环境的污染。

另外，大家还关注到智慧消防、老旧小区改造消防水管问题，消防泵房、撬装设备应用、消防的物联网应用，模拟信号、数据信号的试行，都是属于城市更新中绿色行动计划。

在历史文化街区和消防保障方案的下一步推进中，我们需要考虑如何有效地推进消防前置性正向工作。历史街区更新赋能未来消防上的"动态管理，动态评估"，绿色运维、智能化消防以及消防物联网应用也很重要。因为只有通过互联网才能够有效提高设备利用率，提高活化后的历史文化街区消防的安全度。全寿命周期地降低不必要的成本投入，这才是真正的绿色建筑的根本目的。

在此，我和大家分享几个案例：江苏省供销合作经济产业园，是南京市的第一个"低效用地高效利用"示范项目。地块位于老护城河道与城市快速道路之间的狭长低效工业用地，地块原先作为工业厂房、周转库房、屠宰场等使用。建筑设计着手产业转换和城市更新为先导，注重唤醒土地资源，以"低效用地高效利用"为抓手，巧妙利用进退关系组织梳理交通，充分把握被动式节能的自然采光通风换气，裙房中部架空15米高度打通河西景观廊道，超高层顶部打造第五立面，丰富城市轮廓线；通过

江苏省供销合作经济产业园

扩大园区绿植范围，美化河岸保护线，滨河景观湿地一体化设计，重塑蓝线绿线景观；利用光导管技术、光伏发电技术、被动式节能建筑外遮阳体系再现低碳节能措施，充分利用地下资源，实现了满足全部自走式停车的三层地下建筑。项目建成后被誉为雨花区最高的地标性建筑。

该项目是南京"低效用地高效利用"的有益探索和成功实践，是激活用地能量、因地制宜、绿色可持续的标志性案例。项目切实践行土地资源利用友好、交通流线通达通畅友好、环境组织和谐友好、流动视觉廊道通透友好、生态循环可持续发展友好、自然能源充分利用友好、"三废"有组织排放友好、装配式技术策略友好、天际线塑造城市空间友好。项目通过运营后最终在2019年获得绿色建筑LEED金奖、2020年度获得省第十九届优秀工程设计一等奖，2021年获得中国建设工程鲁班奖。

南京84-88号房危旧房地块存量更新项目位于南京太平南路民国历史风貌区，具有浓郁民国建筑风貌，兼具有现代生活气息，北接新街口商圈、南承夫子庙商圈。更新改造遵循"找、保、用、拆、改、留"的设计原则，采用绣花手法"织补空间"，找寻历史风貌。更新以结构加固、消防安全为前提，根据既有建筑的遗存现状，研判空间安全及改造的可能性，着重强化历史建筑元素符号的延续刻画，塑造满足商业和生活的空间节点，沿用清水砖砌筑的平实基底风格，以鱼鳞纹装饰、立体山花为媒介，形成与太平南路集体历史记忆的直接对话；改造选用传统材料，坚持传统施工作业，表现传统风貌，采用微更新、微介入的手法，保留原始肌理的同时，最小化对于城市形态和肌理的影响，以绣花针的功夫织补城市空间，活化城市记忆，增强商

| 南京84-88号房危旧房地块存量更新项目

业活力，赋能太平南路区域活力。改造严格遵循绿色建筑设计理念，精心织补城市空间，坚持采用传统工艺和传统材料表现传统风貌，增强对既有周边环境和文化记忆的融合度；建设过程因地制宜，选用本地建筑材料，减少建设过程中附带的碳排放，墙体采用外保温的构造方式，降低空调及纯技术设备的使用和能耗；选用工厂预制的构件和材料，进行现场安装，减少因运输和施工带来的建筑噪声和建筑垃圾；底层临太平南路退让出风雨骑廊，增加人行和非机动车等慢行空间，改善公共环境品质，同时增强底层气体流动转换，优化风环境。84-88号房危旧房的保护、改造和活化，不仅是对城市单一节点的精细化织补和精致提优，同时，也探索出了一条因地制宜的微更新模式，建立起一种具有落地性的、可供参考的微更新机制。

刘大威（主持人）：谢谢李总。您设计的百子亭历史风貌街区改造，和韩冬青大师设计的南京小西湖，都保留了城市记忆、激发了建筑活力、留住了城市的烟火气。大家有空可去走走看看，体会老城生活和历史印记，厚重感受建筑之美！我们常说"结构成就建筑之美"，结构工程师与建筑设计师一起，承担着人们对美好生活、美好城市的向往。江总，您从事建筑结构设计多年，能不能请您结合相关实践聊一聊，从结构工程师的角度出发，应当如何推动建筑的绿色低碳发展？

江 韩

南京长江都市建筑设计股份有限公司副总经理、总工程师
国际绿色建筑联盟技术委员会专家

我想通过三个案例来分享一下结构工程师是如何助力绿色低碳发展的。

第一个项目是南京园博园丽笙酒店，由同济大学的袁烽教授主创设计。在这个项目中，袁烽教授设计了许多网红打卡点，包括"开花柱""雨棚"等。

| 南京园博园丽笙酒店

　　"雨棚"位于北楼主路口，是一个个抛物线的下凹口。屋顶最低点到室外地坪的高度只有5米，但沿着抛物线曲线的距离大约有50米，这个方案还是非常有挑战性的。我们进行了大量的文献阅读和资料查阅，其中，1998年里斯本世博会的葡萄牙馆项目走进了我们的视野，尽管我没有亲自去过现场，但通过文献和图片了解到它的跨度大约为65米，宽度接近60米，厚度只有20厘米。项目采用了类似悬索桥的增强型带形结构，利用钢索增强结构的稳定性，通过优雅的手法，让建筑的物理形态相互交织，让其成为一件现代艺术作品。受到这个项目的启发，我们找到了解决问题的方向，并将类似的悬索结构应用到了我们的项目中，最终顺利完成了这个项目。

　　结构工程师的工作确实能够成就建筑之美。传统情况下，普通的结构是无法满足建筑师对建筑美观度、通透性的要求。

改革开放40年以来，我们团队在超高层建筑方面也取得了一些成果，我们完成了30多个超高层建筑，其中最高的达到了400米。在超高层建筑中，基础是一个非常重要的环节，但是其实江苏省本身的地质情况并不是很好。据不完全数据统计，我省的超高层建筑中有90%都采用了钻孔灌注桩技术，钻孔直径基本上在0.8～1.5米。

比如德基广场二期，建筑高度达到300米，也都采用了钻孔灌注桩技术。过去的5～10年，我们团队一直在推广灌注桩后注浆技术，即在桩内预埋导管。通过注射水泥浆来提高单桩的承载力，注浆后的承载力可以提高20%～50%。灌注桩后注浆技术包含有桩端后压浆、桩侧后压浆和桩端、桩侧组合压浆，可以以较小的成本满足较高承载力的需求。

刘大威（主持人）：刚才江总在分享过程中提到了建筑的耐久性，江苏省《绿色建筑设计标准》2021修订版中明确提出要延长建筑耐久性，加强建筑未来的功能可变性。前期适度地增加投入，未来空间使用在便捷性、多样性和可能性的潜力就能提升很多。建筑材料是建筑行业发展的重要支撑，建筑的飞跃一般都依托建筑技术与材料的飞跃。江苏省建筑科学研究院有限公司深耕新材料研究与实践多年，欢迎刘永刚董事长分享对绿色建筑低碳发展的思考。

刘永刚

江苏省建筑科学研究院有限公司董事长
国际绿色建筑联盟副主席

从建筑全寿命周期来理解建筑碳排放，建材生成过程中的碳排放以及建筑运行过程中的碳排放占比较大。建材生产过程中的碳排放，就是我们常说的隐含碳，这一部分的碳排放是否完全归纳于建设行业仍待商榷，但从客观角度而言，正是建筑建设的需要，才导致了这一部分碳排放的产生。

　　经统计，混凝土材料依旧是土木领域最重要的建筑材料之一，水泥、混凝土碳排量居国内建材生产碳排量首位。江苏省建筑科学研究院有限公司目前拥有的双院士团队，长期开展混凝土相关理论和技术研究，近些年也进行了一系列工程实践，主要围绕混凝土高性能化及固体废弃物再利用展开。

　　混凝土高性能化分为两方面展开：一是高性能的外加剂。外加剂简单而言是为实现混凝土目标性调控所采用的特殊添加材料。常规外加剂通常采用有溶剂的两步制备法生产，从绿色低碳角度出发，我们研发出无溶剂的一步制备法，降低溶剂制备过程的排放，大大提高外加剂（尤其是减水剂）在改善混凝土性能调控方面的效果。同时，实现外加剂耐久性能的提升，加强混凝土抗冻融、抗介质渗透等耐久性能，相关成果也在港珠澳大桥等海防、航天大型设施建设中得以运用。二是超高性能的混凝土。院士团队创新混凝土抗裂性评估与设计方法，开发了抗裂性提升功能材料，应用于太湖隧道，实现无一裂缝、滴水不漏。基础设施耐久性及防裂抗渗的性能提升，对降低碳排放、推动可持续发展是非常重要的。超高性能混凝土如果仅依靠粗骨料是很难制成的，但经过研发，我们已经实现了通过常规粗骨料制作超高性能混凝土的可能性，从造价、降碳双重角度满足未来大规模应用的场景需求。

　　关于固体废弃物的资源化利用，我们主要开展了两方面的工作，一是城市轨道交通等全国基础性建设的场景应用研究。在轨道交通建设及隧道工程建设过程中，盾构技术是关键。如何处理盾构形成的尾渣，成为后续问题。我公司材料团队经过三年研究，形成了大宗固体废弃物源头减量循环定律技术成果，对于盾构管料尾料绿色环保处理、高效固化进行突破，通过尾料再利用，一定程度上替代水泥供热，在基础设计建设中发挥作用。二是砂粉材料再利用。建筑拆除后的固体废弃物一般采用粉碎后重新制备的方式进行再利用，实际应用率在50%左右。针对常规情况下难以利用的部分，相关团队通过解决常规减水剂在再生粉砂混凝土制成过程中减水波动大、功能性影响明显的问题，实现了材料的稳定性和再利用。

就隐含碳降碳技术路径而言，我主要有以下几点建议：一是更多关注碳减排问题；二是从减量化、资源化、绿色化、可循环四个角度大力推广高性能绿色建材在建设工程中的运用。

运行阶段碳排放主要来自于机电设备系统运行，而对于机电设备运行工况产生影响的主要因素又分两方面，一是机电设备自身性能和效率，另一方面主要是建筑围护结构的影响。我们主要从非透明围护结构及透明围护结构两个维度来解决围护结构节能降耗的问题，作为夏热冬冷地区，隔热比保温更加有效节能，我们研发了高性能的反射隔热涂料，有效保障外墙屋面等非透明围护结构在夏季隔热，改善热工性能；透明围护结构节能，主要从门窗综合性能提升来解决，随着建筑高质量发展，江苏省最新版《住宅设计标准》DB 32/3920—2020要求保障新建住宅室内新风含量，这要求门窗系统能够实现隔热、通风、降噪等多重要求。

我们还应该关注建筑运维阶段机电设备带来的能耗与排放。针对现有的机电设备设施，我们开发了基于BIM的绿色建筑智慧运维管控系统，既检测又管控，既控设备，也通过大数据、物联网，对人们的使用行为进行一定程度的干预，通过将设备运行状态与人在室内的活动场景状态相结合，通过技术手段，有效实现运营阶段降碳。

刘大威（主持人）：保障性租赁住房是住房保障体系中的"重头戏"，托起了人民群众基本住房需求的底线。从丁家庄保障房项目，到刚刚获奖的珑熹台租赁社区，南京安居建设集团有限责任公司一直以来致力于为老百姓提供"好房子""好环境"，刘总，在您看来，保障房未来发展将呈现怎样的趋势？又应当如何响应"双碳"的号召呢？

刘建石

南京安居建设集团有限责任公司副总经理

保障房同样要考虑住区的医疗、教育等系列配套设施。2010年以来，我参与了南京四大保障房建设。随着用户入住，相关未被考虑到的需求问题逐步显现，我们积极收集整理业主意见，并在丁家庄二期保障房建设过程中进行调整升级。刚刚各位专家都提到要紧抓设计源头，平心而论，之前我们开展的相关保障房建设在设计阶段还是比较急促的。大家常说"三分建七分管"，建设完成后，如何使得基础设施真正起到方便居民生活的作用，还是需要设计者、建设者仔细思考琢磨的。举个例子，我们在保障房小区内设置了非常精巧的景观，花费不菲，但无法满足居民电瓶车等出行工具的停放需求，吃力不讨好。于是，在丁家庄二期保障房的建设过程中，设计团队花了近一年的实践，联合东南大学团队，针对居民需求进行调研优化，其间收集问卷反馈1万余份，最终形成了"大杂居、小聚居"形式，建设一个集交通、教育、卫生、商业、养老等于一体的配套完备的大型社区，打造出"政府放心，百姓满意"高品质保障房的"南京保障房建设模式"。

保障房作为政府提供的特殊住房，选址相对重要。因此，在后期开发建设的相关项目中，我们默认还是轨道交通先行，保障居民生活便捷性。同时，我们也借鉴学习了新加坡住宅的相关建设模式，先保障配套设施，再开展住宅建设。在丁家庄二期保障房的建设中，我们设置了公共服务中心、基层社区中心等，实现主要节点串联，保障居民10分钟活动半径内实现衣食住行的基本需求覆盖。

江宁珑熹台是南京首批出让的租赁住房项目，房子既要满足商品房属性，又要满足年轻人为主的住户居住需求。南京安居建设集团有限责任公司和南京长江都市设计股份有限公司开展合作，以3∶3的间距为基本单元，将初始户型定为95平方米的标准户型，后期根据不同需求，将房子分割为30平方米、60平方米、95平方米三种规模，满足不同住户的要求，为其提供可变过渡。考虑到租

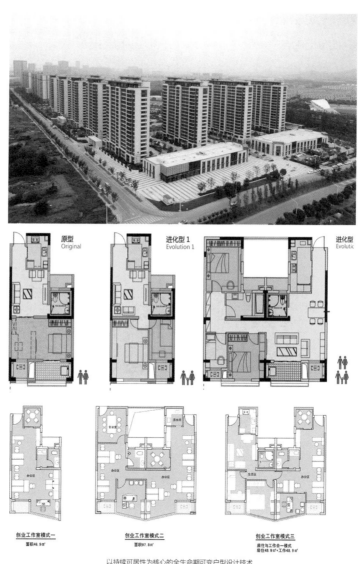

原型
Original

进化型 1
Evolution 1

进化型
Evolutic

创业工作室模式一
面积48.9㎡

创业工作室模式二
面积97.8㎡

创业工作室模式三
居住与工作合一模式
居住48.9㎡·工作48.9㎡

以持续可居性为核心的全生命期可变户型设计技术

江宁珑熹台

　　赁房停车需求与商品房存在不同，我们在设计时让渡了部分停车位空间，打造了健身房等娱乐设施系统。

　　燕子矶阅江台是公租房建设项目，因相关规定要求，只设45平方米、55平方米两个户型。实践证明，40平方米以下的公租房因无法使用燃气，不能满足居民尤其是低收入人群的相关需求，可能会带来安全隐患。为了保障房子未来的使用需求，我们将对房子的可变性进行了设计，可以实现小变大的整合。同时保障景观及功能的均衡性，在集约材料的同时实现成本控制，采用装配式装修，低成本、高质量、快速度地实现保障房的交付。

　　｜ 南京市燕子矶阅江台

　　当然，保障房建设目前还存在保温、隔声、消防等方面的缺陷与不足，这也是我们后期努力和发展的方向，谢谢。

时间：2023年10月31日   主办单位：
地点：江苏海门   国际绿色建筑联盟

承办单位：
江苏省住房和城乡建设厅科技发展中心
东南大学建筑设计研究院有限公司

协办单位：
南京东南大学城市规划设计研究院有限公司

支持单位：
南通市住房和城乡建设局
江苏省建筑与历史文化研究会
江苏省绿色建筑协会

07

主持人
张　赟
江苏省住房和城乡建设厅科技发展中心副主任
国际绿色建筑联盟秘书长兼办公室主任

研究表明：人的一生有近90%的时间在建筑里度过。住宅，寄托了人们对于归巢的眷念和诗意栖居的想象。公共建筑，尤其是学校、医院、图书馆、体育馆等这些老百姓最常停留的空间，就像我们刚刚参观的海门文化中心，更是在人们的生活中扮演着举足轻重的角色。高大师，请您与我们分享一下，在公共建筑设计过程中，如何考虑绿色设计的理念、方法和措施？

高庆辉
江苏省设计大师
东南大学建筑设计研究院有限公司执行总建筑师
国际绿色建筑联盟技术委员会专家

公共建筑节能问题一直是绿色建筑设计实践的痛点难点，今天我们活动所在场地的建筑——海门文化中心就是一组采取绿色思维进行设计创作的城市公共地标建筑，这组建筑又位于城市与自然之间，与蓝天绿水相呼应，也就是说，首先环境就是绿色的。

由于项目的使用频率很高，所以我们从创作初期便有意识地进行建筑师主导的绿色设计，提出了"集约共享、一馆多用、节能节资"的设计理念。海门文化中心包括图书馆和大剧院两栋建筑，两者都最大化地对市民开放，承担城市客厅作用。图书馆项目成功入选2019年度联合国开发计划署（UNDP）"中国公共建筑能效提升项目"（全国共4座）、2022—2026年中国建筑学会首批科普教育（绿色示范）基地，也有幸获得了江苏省优秀工程设计一等奖；大剧院项目也成功入选了第二十八届国际建筑师协会（UIA）世界建筑师大会中国馆展览。

海门文化中心设计之初，城市中轴线上的江海博物馆已经建成，我们就采取让文化中心的图书馆、大剧院两座建筑甘作"配角"，凸显博物馆主体地位的策略。因此，图书馆、剧院均采取拆解分散的策略，以街区式、组团化的小肌理结构，与博物馆的院落尺度相得益彰。两馆临绿廊界面的檐口高度，分别控制到博物馆的檐口与屋面高度，既降低建造成本，形成的舒展天际线又与绿野环境相呼应。

| 海门文化中心

在建筑节能方面，我们借用了海门当地传统四汀宅的形式，结合气候特征，打造南北冷巷、敞厅，加强室内外通风效果。敞厅上空的屋盖对其下方半室外空间及外墙玻璃遮阳避雨，冷巷与敞厅又因东西两翼与中部建筑之间的自遮阳，而自然成为市民纳凉的庇荫之所。建筑造型方正实用、紧凑集约，总体格局外动内静，分时分区运营互不干扰，有效降低建筑能耗。

剧院同样充分对外开放，通过高差与座席变化，打造舒适的室内外观演的视线效果。设置空中室外音乐广场，又能为市民提供公共活动场所。方整的体量，较低的窗墙比，利于节能，也形成了丰富变化的街巷空间与丰富的光影变化，与图书馆、博物馆既有所呼应又和而不同，共同"演奏"出文化中心的群体乐章。

| 海门文化中心 - 图书馆

| 少儿阅读区西侧冷巷

| 海门文化中心 - 剧院

介绍一下另一个项目，翠屏山景区游客接待中心，目前被教育部评为2023年度优秀勘察设计建筑设计一等奖，同时也入选了2022年国内最美8个游客中心，也同样是第二十八届国际建筑师协会（UIA）世界建筑师大会中国馆的参展作品。

项目位于川南著名的佛教与道教圣地——宜宾翠屏山自然风景区。因此，设计采取永恒、经典的圆形构图，来回应景区厚重的道教与佛教文化。同时以"建筑退后、风景凸显"的场所建构理念，通过"半透明""均质化"的界面建立起人、风景、空间这三者之间微妙相融的东方禅蕴。在绿色策略方面，我们主要采用了三大策略：整体架空、结构创新，实现对环境的"轻介入"；飘檐遮阳、架空通风等适应川南地域气候的绿色正向设计技术；大量使用钢材、竹木材料等可持续材料，也是对宜宾地域悠久的竹文化的致敬。创新的桥式结构设计和材料运用，使得室内全部无柱的大跨空间成为可能，空间功能的可变性强。钢结构与竹材工厂预制现场安装的建设方式，在节省人工的同时也大幅减少了施工作业对环境的破坏。

作为一名建筑师，我个人认为绿色建筑应当从更宏观的角度去思考，设计时能够有所为和有所不为。面向自然，我们应当减少资源与能源消耗、减少浪费、减少装饰，努力回归建筑本体；面向城市，我们应当尊重历史、尊重城市环境、尊重物质与非物质遗产的传承发展。在设计时能够适当控制过分表达的"欲望"，有所为、有所不为，使得建筑能够真实、可触、节制而回归自然的本源，实现中华先哲们所倡导的"天人合一"理念。

张赟（主持人）：谢谢高大师的分享，高大师通过项目案例，向我们描绘出自然与城市二者得兼的绿色建筑模样，通过集约、开放、轻介入的绿色设计手段，使我们切实感受到自然和平静的力量。冷大师、蔡总，两位专家深耕绿色建筑领域多年，有请二位分享对公共建筑绿色策划和设计的实践与思考。

冷嘉伟

江苏省设计大师

东南大学建筑学院党委书记、教授

近几年，我围绕绿色建筑开展了一些课题研究与标准研制，包括参加"十三五"国家重点研发计划课题"南方地区高大空间公共建筑绿色设计新方法与技术协同优化"，我主要负责其中的"高大空间自然采光与热辐射平衡调控技术"子课题。这个项目背景是原先绿色建筑更多关注于研究空调暖通等设备节能和相应的节能措施，建筑师作用有限。"十三五"期间，西安建筑科技大学刘加平院士力主在国家重点研发计划中设立以建筑师为主导，需求侧为主、供给侧为辅的绿色建筑设计专项。一般而言，我们把空间高度大于5米、体积大于1万立方米的建筑称之为高大空间建筑，主要有体育馆、展览馆、影剧院、音乐厅、交通枢纽等建筑类型。由于高大空间建筑规模较大，体型特征明显，往往都是城市和所在地区的地标建筑，颇受公众关注。高大空间建筑在建设和运维过程中，具有土地资源占用大、耗材多、耗能高、人员密集等特点，针对影剧院、体育馆类建筑还存在间歇性使用的情况，设计人员还需要考虑建筑使用效率问题。

课题组对绿色建筑的研究主要聚焦于建筑形体的适应性，建筑体形系数越小，节能效果越好，体形系数波动1%，会对能耗产生2.5%的影响，因此，从降低能耗的角度出发，建筑设计应将建筑体形系数控制在一个较低的水平。比如，体育建筑常常采用弧顶或墙面屋顶一体化等设计手法，一方面出于造型的需要，另一方面也是出于减少体形系数的考虑。在自然采光方面，高大空间建筑可以利用太阳高度方位角调整外围护结构面的角度，从而促使建筑获得自然采光或实现自遮阳等被动式节能效果，刚刚参观的海门图书馆，大家注意到高庆辉大师在项目中设计了连续的折形天窗。天窗的作用很明显，可以根据建筑师需要，在不同地域气候、不同环境情况下同时满足设计效果和采光需求。举个例子，当室内需要相对柔和的光线时，建筑师可以将天窗面朝北侧，让自然光均匀进入；寒冷地区则可以选择顶天窗或平天窗，让光线直接洒入室内，提高采光效率。我们还要注意季节变化带来的影响，冬夏对阳光的需求和使用就完全不同，在海门文化中心项目中的通过天窗漫反射的方式引入光线，柔和舒适，这些其实就是建筑师在考虑造型的同时需要统筹绿色设计的内容。当然，在建筑的自然通风方面，我们也常通过烟囱、风道、天井及架空等措施实现。

建筑师也经常通过表皮的系统化设计来实现建筑的绿色节能。我们常常发现许多建筑的外立面会加一层"罩子"，双层表皮在满足造型需求的同时可实现引光、导风等作用。在这里，我结合南京警察学院学生训练楼项目来作一个介绍说明。该项目位于校园主轴线南侧，与2003年落成的警体馆相邻。建筑在总体布局上采用方正形体，外形规整、简洁，东、西侧界面与警体馆守齐，保持界面的完整性和连续性。警体馆的西立面，我们结合造型设置连续镂空墙体，配合倾斜竖向片墙来遮挡西晒，训练楼的西立面，外表皮采用竖向铝合金格栅，起到遮阳作用。为保证最大限度引入自然光，建筑内部设计了一条通高透光长廊和两处天井，保证每一处公共空间和廊道都有自然通风和采光。

| 南京警察学院学生训练楼项目鸟瞰图

　　训练楼主入口面向西侧，门厅是三层通高空间，对采光和遮阳都有一定要求，因此，在入口处，我们选择将玻璃幕墙、深灰色铝合金格栅、米白色陶板实墙等元素组合在一起，通过顶部飘板门架加以空间限定，在立面上产生流动的光影，既突显主入口空间效果，又防止了西晒。为达到门厅采光和遮阳平衡，我们考虑到全年平均日照与过度光日照的计算比较，设计了三种方案进行对比，最终，内部为大

｜门厅室内光影　　　　　　　　　　　　　　｜主入口实景图

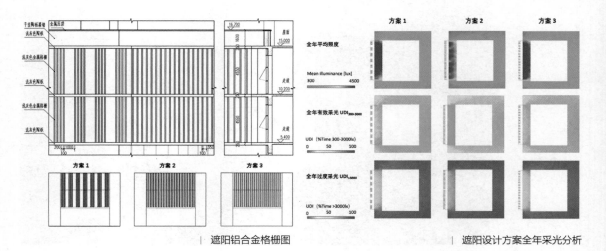

｜遮阳铝合金格栅图　　　　　　　　　　　　｜遮阳设计方案全年采光分析

空间的，其外表皮每榀铝合金格栅长600毫米、宽100毫米、高4550毫米，均匀排布，竖梃间净距350毫米，内边距玻璃幕墙面净距600毫米；内部空间为房间的，则将格栅的间距调整为竖梃间净距200毫米，4榀格栅为一组，每组间净距1000毫米。这种针对不同内部空间、不同朝向采用不同排布规律的铝合金格栅，不仅使得建筑外表皮富于变化，提高了格栅遮阳的效率，同时还有效解决了转角处的构造问题。

总的来说，学生训练楼在设计中并未采用造价高昂的高科技技术手段，而是通过被动设计来实现绿色节能目标，取得了一定的成效，项目获评2022年度江苏省城乡建设系统优秀勘察设计一等奖和2023年度省优秀工程奖二等奖。

张赟（主持人）：谢谢冷大师，向我们展示了以性能为导向、以人本为原则，指导建筑设计与策划的生动一课。2023年5月份，"名家话绿建"第5期在启迪设计大厦举办，当时大厦仍在施工，前不久已经正式启用了。蔡总，在这样一个绿色的办公建筑中开展设计工作，您一定有更多的心得体会与大家分享吧？

蔡 爽
启迪设计集团股份有限公司副董事长、总建筑师
国际绿色建筑联盟技术委员会专家

谢谢主持人，很荣幸今天能在这里与大家分享关于设计的思考与心得。

刚刚主持人提到的启迪设计大厦是启迪设计集团股份有限公司的新总部办公楼，位于苏州工业园区中央河畔，在苏州城市发展的主轴线上。周边景观资源丰富、环境非常优美。

启迪设计大厦贯彻"立体园林"的设计理念，将苏州传统民居中一进进的院落空间在垂直方向上进行演绎，形成空中院落，构成立体园林，在"垂直院落"之间是可以走出户外与自然互动、观赏美景的"空中环廊"层。

　　底层大堂正对中央河景观带，通高玻璃幕墙与纤细的钢框消隐了室内外的界限，使中央河景观与室内融为一体；大堂楼梯采用形态提取手法，借鉴苏州古典园林——拙政园中的游廊曲桥的路径，达到步移景异、曲折尽致的感觉，起到室内与室外观景互动的作用；大堂结构柱保留清水混凝土的原貌，减少装饰材料的使用也可以达到节材节能的目的。

　　塔楼部分在每个"垂直院落"的体块单元中设置了一个3层高的共享空中花园，将3层平面紧密联系在一起，形成高层建筑中的多层感受，内部楼梯有利于员工交流、促进运动，同时减少电梯的使用。在塔楼的每个体块单元交界处设有一圈外环廊的单独楼层——"空中环廊"层，环廊层既起到分格每个体块的作用，

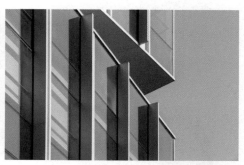

塔楼角部细节

临河而立的"太湖石"

从屋顶花园通往塔楼的钢天桥

又为员工提供了一处户外休憩、放松、呼吸新鲜空气的场所，同时还起到建筑自遮阳的效果。

下沉庭院的植入，为地下室带来良好的通风与采光；本项目地下1层设置的南北两个下沉庭院可以形成良好的对流风，有效改善地下室的通风效果；下沉庭院结合顶部天窗的设置，极大提升功能房间的采光环境。

在建筑4层南侧与裙房屋顶花园连结处，设置了可全部打开的折叠玻璃门，折叠门打开后消解了建筑的边界，增强室内外共通，将屋顶花园的平台区从室外延伸至室内，在春秋季可满足各种类型活动的多功能需求。

在裙房屋顶结合景观设置新一代光导管，光导管的设计或与地面齐平，或结合景观座椅一体化设计，白天对下部室内采光，夜晚下部室内光线反向折射成为庭院灯，达到双向发光的效果。

| 空中花园 | 展厅

| 地下餐厅 | 下沉庭院 | 屋顶花园折叠门

｜屋顶光导管

｜屋顶花园　　　　　　　　　　　　　　　　　　　　　　　　　　　　　　｜大楼顶层光伏板

　　裙房屋顶的篮球场侧立面采用隐框幕墙方式安装了垂直式双玻组件光伏板，年发电量可以满足篮球场夜间用电的需求。

　　塔楼屋顶设置17%透光率的平铺式双玻组件，年发电量约19万度，光伏板不仅可以发电，还可以为屋顶运动场地提供较好的遮阳功能。

　　在启迪设计大厦的设计中，我们充分考虑建筑边界的节能问题。通过建筑边界区域的节能设计，加强自然通风、自然采光与建筑形体自遮阳，同时增强人与自然的互动，以促使建筑达到少用能、不用能的目标；而建筑边界的光伏一体化设计则使建筑边界成为产能区，达到建筑节能产能相结合的目的。

　　这里提到的"建筑边界区域"，是指建筑室内空间与外部环境之间的连接体，可以是一个面也可以是一个区域，涵盖了室外、灰空间、气候边界及室内范围，构成了建筑与外部环境的中介体，气候边界作为一种物理环境的阻隔面，其形态的变化可以影响气候的变化，从而起到调节温度的作用。如传统建筑中的檐廊空间，日

檐廊空间

本建筑中的缘侧空间等可以起到遮阴、调节温度与风速的作用。早期的被动房设计将建筑变成了一台"大冰箱",我们地处夏热冬冷地区,气候环境友好、过渡性季节长,因此,我们希望充分利用建筑边界区域的设计灵活性,使建筑达到夏季遮阳、冬季保暖,舒适季节开敞的被动式节能目的。

另一个想和大家分析的案例是苏州工业园区北部文体中心,我们将不同的功能板块设置为独立的建筑单体,通过植入东西向"交通主轴",将各场馆及广场有机联系,利用冷巷与户外空间实现建筑的自然通风。平台空间模糊了室内外的界

 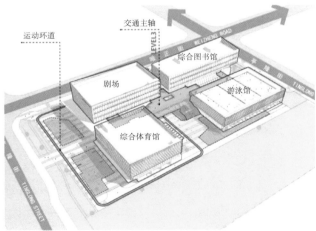

苏州工业园区北部文体中心

| 建筑屋顶足球场　　　　　　　　　　　　　　　　| 建筑顶棚

| 苏州工业园区北部文体中心

限，把四个功能区与自然环境联系在一起。不同尺度的公共区域满足不同人群对互动空间的需求，半室外空间既可以作为各功能区的联系，又可以作为周末市集的活动场地。

我们在建筑的第五立面——屋顶设计了室外运动场地，使顶部空间得到充分利用，拓展了使用功能。

本项目的立面结合建筑朝向及使用要求采用了多种设计手法，如底部采用落地玻璃窗，配合出挑深远的雨棚，在充分引入室外光线的同时，实现较好的遮阴效果，建筑上部动态变化的菱形格栅花纹既丰富了立面语言，又起到了全面遮阳的效果。

张赟（主持人）：建筑结构是塑造建筑内部空间及外部形态的关键因素，也是建筑美学意向得以表达的理性构筑基础。相比之下，公共建筑的体量更大、造型更复杂。张总，您长期致力于建筑结构研究和实践，请您谈谈公共建筑应当如何通过合理恰当的结构设计，实现绿色低碳？

张 谨
中衡设计集团股份有限公司总经理、总工程师
国际绿色建筑联盟技术委员会专家

谢谢主持人的提问。实事求是地讲，我在初期接到活动邀约的时候，是有些犹豫的。在我看来，绿色建筑更多依靠建筑师和设备工程师的力量。前几天，我参加了第九届建筑结构技术交流会，会上修龙理事长就"建筑业高质量发展的'结构贡献'之思考"相关主题作报告，我听后很受启发，在此结合历年来的相关设计实践，与大家分享心得感悟。

2023年1月，在全国住房和城乡建设工作会议上，倪虹部长对推动住建事业高质量发展提出了十二个方面的工作要求，其中以下3条与我们今天的主题密切相关：以建筑业工业化、数字化、绿色化为方向，不断提升建筑品质；以协同推进降碳、减污、扩绿为路径，切实推动城乡建设绿色低碳发展；以制度创新和科技创新为引擎，激发住房和城乡建设事业高质量发展动力活力。这三条主要还是围绕科技创新、绿色发展、低碳减排几方面展开，最终实现减污减排的量化控制。根据中国建筑节能协会《中国建筑能耗与碳排放研究报告（2022）》相关数据显示，2020年全国建筑全过程能耗总量22.7亿吨标煤，占能源消费总量的45.5%，其中建材生产阶段能耗11.1亿吨标煤，占比22.3%；建筑施工阶段能耗0.9亿吨标煤，占比1.9%；建筑运行阶段能耗10.6亿吨标煤，占比21.3%。从节能减排的角度而言，建筑生产首尾两端能做的工作还有很多。运维阶段，建筑设计师、设备工程师在节能设计方面会发挥更大作用。建筑生产过程中，结构工程师更应该关注如何减少建材消耗量，节材节能。

首先，我们应当尽可能实现"物尽其用所长"。当前建筑领域最常用的三种材料为混凝土、钢材、木材，三者各有优缺：混凝土的受压能力强、耐久性好，但存在受拉能力较弱等问题；钢材，轻质高强、延性好，但钢结构的稳定性要求相比常规混凝土结构而言更需要重视；木材，轻质环保、韧性好，但强度相对较低，需考虑收缩膨胀等问题。如何统筹考虑建筑材料使用，发挥材料最优效能，实现轻量化设计，是结构工程师在这一环节需要解决的问题。

苏州工业园区档案管理中心大厦，位于苏州工业园区现代大道南、万盛街东，毗邻苏州工业园区管委会大楼。建筑外观看起来像是6个体块相互重叠搭接的形体，造型简洁干净，但从结构设计角度而言，6个建筑体块互相关联、连接复杂，右下角大悬挑的水平力形成的扭矩难以平衡，属于超限结构。因此，我们采用了"庖丁解牛"、化繁为简的结构设计手法，借鉴建筑物中古树保护的理念，沿单体①和⑥设置"环绕型内置防震缝"，将单体①转变为局部开洞的常规结构；整个建筑群划分为三个清晰的抗震单元，各单元实现均衡合理受力，大幅降低用钢量。防震缝的宽度通过大震作用下的变形计算来确定，同时综合考虑施工误差造成的建筑物倾斜、地基的不均匀沉降、水平地震作用下的扭转效应等因素。

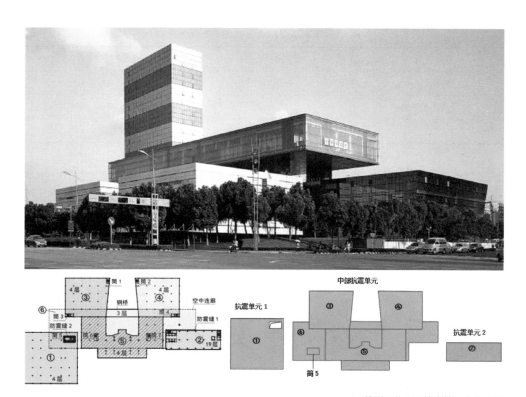

| 苏州工业园区档案管理中心大厦

京东智慧城办公楼，位于江苏宿迁，抗震设防烈度为8度半，建筑总高度为158米，为目前当地最高的地标性建筑。如果使用常规的钢筋混凝土方案，外框柱截面高度在1.6～1.8米，剪力墙厚度需达到1米以上。即便如此，在倾覆力矩下，项目核心筒还是完全受拉的。这种情况，我们就可以考虑使用钢结构作为主要建材。钢结构轻质高强的特性，本身就可以减少递增作用。在对多种结构形式进行对比分析后，我们最终选择"钢框架-钢板墙核心筒+黏滞阻尼墙结构"体系（表7.1）。这一方案下，建筑的外框柱截面高度降至1米左右，剪力墙由超1米厚度的混凝土墙替换为2厘米厚度的钢板墙，最终基于全过程的抗震性能化设计，保证了结构优异的抗震性能、使用功能和韧性，同时确保了建筑外形及使用空间的干净、利落和通透。

表7.1　京东智慧城办公楼结构方案对比

指标	常规混凝土方案	减震钢结构方案
外框柱/mm	1600×1800	Φ1000×30
核心筒/mm	1000	20加劲钢板墙+□900内筒柱
造价	100%	105%

京东智慧城办公楼

　　钢结构材料在大跨结构的建造过程中也有很好的性能表现。苏州中心"未来之翼"是世界上最大的整体式自由曲面钢网格屋面，同时也是世界上最大的无缝连接多栋建筑的采光顶之一。整个结构不设缝，并跨越支撑在下部4个独立结构单体，展开长度约630米，展开面积约3.5万平方米。屋盖地块中轴线有地铁穿过，中庭最大跨度达55米。如此大的结构跨度，如采用常规结构设计方法，即便使用轻质材料，构件尺度也必须接近2米才能确保安全，但我们最终设计的构件尺度仅25厘

苏州中心"未来之翼"远眺

苏州中心"未来之翼"中庭

京东智慧城篮球馆项目

米。结构设计团队通过采用抗放结合、刚柔相济的单层四边形钢网格，基于悬链面的形效结构，实现了中庭55米无柱大空间。

钢结构在受压状态下又该如何实现轻质？京东智慧城篮球馆是一个很好的案例。项目为大跨度双曲面空间斜交网壳结构，整体造型呈椭球形，以确保结构稳定。壳体造型如果落地，受到边界的约束，在温度作用下无法自由张缩，会带来一系列附加问题，大大增加用钢量。结构团队结合篮球场门窗设计需要，采用"受拉环梁+内倾V型支撑"形成空间受力体系，有效降低温度应力与支座反作用力，实现了58米跨度的"超薄"单层钢网壳结构，主要构件尺寸为200毫米×100毫米。

在部分项目的设计过程中，我们无法形成空间结构，需要依靠材料本身解决稳定性问题。苏州丝绸博物馆"四方雨"艺术装置，结构高约9米，由12根直径仅为105毫米的圆形钢柱及菱形扁钢梁格组成，密布的菱形梁格下由547根长6米、直径25毫米的不锈钢垂管模拟雨滴垂落。如此纤细的钢结构，在设计中基于先进的直接分析法，以精准分析及措施保证了稳定性，最终实现"一方洁净、纤细江南春雨"的建筑效果。

除了"物尽其用所长"外，我们还应当做到"物尽其用所存"，倡导应用低碳建材，促进可持续发展。那么，究竟怎样的结构材料才是绿色环保的呢？木材为可再生天然资源，碳足迹远低于传统建材，且具有良好的保温性能和环保可持续性；竹材生长周期更短，可就地取材，减少运输依赖，且材料本身高强轻质，可持续利用。毋庸置疑，这两类材料是环保的。

钢结构材料虽然在建材生产及运输阶段的碳排放较混凝土结构高20%，但考虑负碳技术后，碳排放较混凝土低27%；再鉴于实际使用过程中的循环率，钢结构也可属于绿色节能材料范畴。

苏州丝绸博物馆"四方雨"艺术装置

苏州第二工人文化宫设计时，考虑到苏州城市记忆，采用多样的钢结构体系，实现大跨度新苏式坡屋面和大跨空中钢游廊。在结构设计全过程中应用了"变刚度设计"思想，提高了结构安全性和经济性。在文化宫游泳馆的建造过程中，考虑到空气湿度对钢结构的腐蚀性，屋顶主要采用自平衡的双向交叉张弦胶合木梁结构体系，通过钢木混合节点保证可靠的连接，确保可持续的同时与苏式文化符号相印证。

| 苏州第二工人文化宫大跨度新苏式坡屋面

| 苏州第二工人文化宫大跨空中钢游廊

| 苏州第二工人文化宫游泳馆屋顶　　　　　　　　　　　　　　　　　　苏州莺脰湖茶室

同时，我们在开展一些小品建筑时，也经常采用钢木结构组合的方式进行设计，如苏州莺脰湖茶室，以内围钢柱作为抗侧力系统，外围木柱作为重力系统，统筹不同材料，共同发挥作用。

由于种种原因，建筑行业目前正走在一个相对艰难的时刻，也有同行对自己的专业前景产生怀疑。但在我看来，应对高质量发展，建筑结构专业依然大有可为——结构成就建筑之美是多年来大家的共识；在当前大热的城市更新与文脉延续相关工作中，结构也承担着重要作用；同时，应对我们国家未来在深空、深地、深海及极端环境中的建造场景，结构专业亦将大有可为。风物长宜放眼量，我们大家共同努力，一起迎接美好的明天。

张赟（主持人）：我们常把建筑比喻成"交响乐"，优秀的设计、精炼的结构、适宜的系统……多专业协同努力，最终实现建筑的绿色、宜居、以人为本。陈教授，您从事建筑节能和能源综合应用研究和实践多年，能否请您谈谈，暖通工程对推动建筑绿色低碳的作用和意义？

陈振乾

东南大学教授
国际绿色建筑联盟技术委员会专家

随着"双碳"策略的普及，暖通空调在建筑中扮演越来越重要的作用。在绿色建筑中，暖通空调工程主要扮演两类角色。一是营造建筑环境，尤其是热湿环境，是暖通空调的基础。人90%的时间生活在室内，热湿环境是否达到舒适度要求，直接影响人们的生活品质。二是污染物处理，主要包括物理污染、化学污染和生物污染，比较典型的污染物有PM2.5、PM10、光污染、声污染、甲醛、TVOCs、氡气及霉菌等。营造舒适的建筑环境，需要大量能源资源的支撑。公共建筑中，暖通空调系统能耗通常占总能耗的30%~55%，部分地区或项目可能更高。所以，暖通空调系统能耗降低、系统能效提升以及可再生能源利用对推动绿色低碳建筑具有重要意义。

刚刚各位专家也介绍了关于建筑围护结构对能耗的影响，降低暖通空调能耗主要途径首先要从建筑围护结构开始，尽量降低夏季冷负荷、冬季热负荷，同时充分利用自然冷源等。

暖通空调系统主要包括冷热源设备、输配系统及末端空气处理与气流组织这三个部分，同一空间范围内，不同的系统设计对能耗的影响是非常大的。因此在规划及设计层面上，冷热源应考虑多能互补综合利用，将暖通空调系统与储能相结合，进行多时空多阶段动态规划与设计，柔性用能，减少冷热源设备装机容量，同时尽量采用高效暖通空调设备与系统。

充分考虑可再生能源的开发与利用，如地热能、太阳能等。目前北方地区已经开展了大量光伏建筑的设计与实践，以太阳能为建筑主要供能来源。江苏也开展了大量地热能等运用的示范项目，皆取得了良好的成效。目前，大部分地热能运用还停留在单一的浅层地热，业内也开始尝试将浅层地热与中深层地热结合使用，提升寒冷季节供暖能效。也有企业近期探索围绕氢能源利用，开展了系列布局，利用氢能产发电，并将余热用于供暖热水系统和智能储存系统，以供区域间协调应用。

目前，我们的暖通空调工程还存在运维粗放的问题，数字化运维是行业大趋势，可结合AI技术，实现系统高效优化运行。

在建筑能源领域可以有条件地利用自然资源，如自然采光、自然通风及自然冷热源运用，可尝试利用昼夜温差、储能技术等，提高能源利用效率，降低能耗。

目前，跨季节储能在国内外也有很好的实践。如丹麦地处寒冷地区，供热周期特别长，通常采用热电联产锅炉＋太阳能＋相变储热＋区域供热系统实现跨季节相变储热，从而促进太阳能的有效消纳，降低火电厂调峰负荷。目前，丹麦大型相变储热区域供热技术发展较为成熟。2016年底，丹麦的大型太阳能相变储热区域供热系统集热器安装量占全球该类系统的80%，约131.8万平方米，总容量922MWth，太阳能相变储热区域供热厂数量110个。

| 丹麦大型相变储热区域供热技术

| 花旗集团大厦暖通空调系统能效提升改造

暖通空调系统能效提升改造在公共建筑中有好的实践。如花旗集团大厦，位于上海浦东陆家嘴金融中心，竣工于2005年，建筑高度180米，共42层，建筑总面积达12万平方米，相当于16.8个标准足球场大小。原有设备老化严重，实际运行能效很低，通过改造高能效设备机组、水泵、管路系统优化设计、节能运行，实现高能效暖通空调系统节能改造目标。

张赟（主持人）：随着时代的发展，"绿色建筑"的定义一直在更新，大家的认识也在不断提升。刘主席，能否请您谈一谈，您对绿色建筑的理解和期待？

刘大威

江苏省人民政府参事室特聘专家
国际绿色建筑联盟执行主席
江苏省建筑与历史文化研究会会长

谢谢主持人。随着经济社会不断发展和生活水平逐步提高，人们对建筑的认知和要求也在持续提高。在座各位可能都搬过几次家，一定会感受到住宅功能和性能的持续改善。设计理念和建筑技术的进步持续推动了建筑的性能、品质与舒适性的提升，绿色建筑也一直在发展。

20世纪70年代石油危机爆发，联合国在瑞典首次成立了环境发展委员会，建筑节能应运而生。20世纪90年代初国外学者提出了"绿色建筑"概念，此后，各国陆续建立了自己的绿色建筑评价体系。21世纪初，中国发布了我国的绿色建筑评估体系。根据2019年相关数据，建筑全寿命周期能耗占全球总能耗的51%。刚刚张谨总分享了最新数据，此占比又有所降低，这也是绿色建筑领域各位同仁共同努力和贡献的结果，未来也必然会越来越好。我国从21世纪初启动建筑节能工作，以20世纪80年代建筑能耗为基数，以30%为一个基点，推动建筑节能从30%发展至75%，目前在推动超低能耗、近零能耗建筑和零能耗建筑，也必然在不远的将来进入平常百姓家。

过去在讨论建筑节能时，关注更多的是节能指标和技术，绿色建筑除考虑建筑节能，还强调人的感受和健康。这从《绿色建筑评价标准》GB/T 50378修编可以看出变化，2014版绿色建筑评价标准，主要关注"四节一环保"；2019年修订版，评价标准已调整为包含安全耐久、健康舒适、生活便利、资源节约、环境宜居等方面的综合性能，在满足使用者需求的同时，合理降低能源和资源消耗。

刚才专家谈到了"结构成就建筑之美"，确实如此。精思傅会的结构设计可以创造轻盈的结构，舒适的空间，还可以合理降低建筑结构用材量。刚才谈及启迪大厦时，蔡总用轻盈飘逸形容了大楼空间里的楼梯，这就是结构工程师力量。我们今天所在的会议室，如左侧不是落地窗而是实墙，空间会有压抑感。我们对建筑的要求一直在持续提升，追求自然，追求美感和精神愉悦。因此，今天的绿色建筑，首先是要秉承被动式理念，设计一个功能完善、空间愉悦、风貌典雅的健康建筑，同时，还要注重结构的优化，张谨总刚才在解读苏州档案馆结构设计时，就是把一个复杂建筑，通过结构的合理剥离，变成了简单形体的组合，建筑更安全更加节约。

因此，未来的绿色建筑应秉持被动式设计理念和技术，强调设计师的主动作为，以建筑设计为主导，强调结构、设备等各专业的协同合作，从功能、节能、性能、空间、风貌、环境、城市等各方面统筹协调进行绿色建筑设计。对具体的建筑项目，要通过多因素进行对比分析，而不是简单以满足某些节能或绿色指标为目标。

我和冷嘉伟老师曾共同参与了江苏省《绿色建筑设计标准》DB 32/3962—2020的修订，标准强调了建筑性能、风貌、地域特征、文化等因素的重要性。许多人会觉得风貌与绿色建筑关系并不大，其实关系很大。比如，金陵饭店是南京人的共同记忆，多年来，外观始终如一。经典建筑摆脱了无休止的整治与改造，成为城市的历史记忆和文化景观，是资源、材料、能源的最大节约。在绿色低碳高质量发展的背景下，绿色建筑理念需要进一步拓展，需要建筑设计主导下的专业协同，所有专业设计师都应该身体力行地扮演好自己的角色，通过主动作为，推动绿色建筑高质量发展。谢谢大家！

观众：建筑师在实际建造绿色建筑的过程中应当如何协调组织各个环节？建筑造型与环境适宜等要素间又应当如何取舍与平衡呢？

高庆辉：关于绿色建筑协同设计，还是应当由浅入深，在具体项目的设计过程中根据项目需求及实际环境具体分析，建筑师既要有各专业整合的系统观，又能够分门别类地探讨建筑、结构与机电等技术。恰如刘主席刚才提到的，真正的绿色建筑并不是一个单纯的技术问题。一个房子如果空间、尺度、形态都是舒适宜人的，一般来说，绿色效能不会差。

关于建筑创意，建筑师常常会觉得建筑设计有感性和理性两条线。个人近几年比较主张尽量将建筑做小做集约，与人的尺度相亲近，设计的逻辑要自洽、合理，尽量减少非必要的装饰性设计，这可能也是对绿色观念的一种映照吧。

观众：在目前编制的超低能耗相关技术规程中，建筑能耗主要通过三种手段解决，即被动设计、能效提升及光伏。目前建筑屋面光伏发展已成规模，但建筑立面光伏发展仍有很大空间，需要在标准、章程引导方面进行助推，在这一过程中，我们从业人员还能做些什么呢？如果光伏结合空气源热泵，从效能收益角度，是否比光热更合适呢？

冷嘉伟：随着技术的优化，光伏材料在造型越来越多样的同时，造价也在逐步降低，给建筑创作带来了更多的选择，同时我们输变电、储能系统的稳定性也不断在优化，可以预见，未来光伏材料在绿色建筑创作中将扮演更重要的作用。但是零能耗建筑的实现并不仅仅依赖于光伏材料的利用。新加坡国立大学设计与环境学院新楼就是一座比较典型的零能耗建筑，为了实现零能耗目标，建筑降低了楼层，减少了建筑面积；尽可能出挑屋顶，既可以安装更多的光伏板，也利于遮阳；同时，为保证建筑产生的能源与内部消耗的能源一致，在一定程度上降低了建筑内部空间的舒适度，比如，尽可能使用风扇调节温度，在室内设计和家具布置上，减少插头管线等，从这个例子可以看出，"双碳"目标的实现，不能只依赖于技术手段，还需要在全社会培养绿色意识，改变过度舒适的生活方式。

总之，就绿色建筑而言，包含两个方面，一是建筑设计绿色理念，二是绿色措施。当然，我们还期待看到新的绿色建筑技术突破，让我们共同努力，携手并进，推进绿色建筑发展，助力实现"双碳"目标。

陈振乾：我们要分清建筑中设置光伏或光热系统的目的是什么。城市建筑中，光伏+空气源热泵组合冬季供暖、供热水综合效果是高于光热系统的，但严寒地区以及寒冷等地区，可以采用光热形式有条件实现跨季度热储存，光热供暖也是一种很有效的供暖方式。